U0455254

世图心理

博客：http://blog.sina.com.cn/bjwpcpsy
微博：http://weibo.com/wpcpsy

The Clinical Paradigms of Melanie Klein and Donald Winnicott
Comparisons and Dialogues

克莱茵与温尼科特

临床范式
比较与对话

[英] 简·艾布拉姆（Jan Abram）

[英] R. D. 欣谢尔伍德（R. D. Hinshelwood）

著

王晶　译

世界图书出版公司
北京·广州·上海·西安

图书在版编目（CIP）数据

克莱茵与温尼科特临床范式：比较与对话 /（英）简·艾布拉姆，（英）R. D. 欣谢尔
伍德著；王晶译 .—北京：世界图书出版有限公司北京分公司，2022.8
ISBN 978-7-5192-9617-9

Ⅰ.①克… Ⅱ.①R… ②简… ③王… Ⅲ.①精神分析—研究 Ⅳ.①B841

中国版本图书馆CIP数据核字（2022）第099873号

The Clinical Paradigms of Melanie Klein and Donald Winnicott
Comparisons and Dialogues, 1st edition / by Jan Abram, R. D. Hinshelwood / ISBN: 9781782203100
Copyright © 2020 by Routledge
Authorized translation from English language edition published by Routledge, part of Taylor & Francis
Group LLC; All Rights Reserved.
本书原版由Taylor & Francis出版集团旗下，Routledge出版公司出版，并经其授权翻译出版。版权
所有，侵权必究。

Beijing World Publishing Corporation is authorized to publish and distribute exclusively the Chinese
(Simplified Characters) language edition. This edition is authorized for sale throughout Mainland of
China. No part of the publication may be reproduced or distributed by any means, or stored in a database
or retrieval system, without the prior written permission of the publisher.
本书中文简体翻译版授权由北京世界图书出版公司独家出版并仅限在中国大陆地区销售，未经出
版者书面许可，不得以任何方式复制或发行本书的任何部分。

Copies of this book sold without a Taylor & Francis sticker on the cover are unauthorized and illegal.
本书贴有Taylor & Francis公司防伪标签，无标签者不得销售。

书　　名	克莱茵与温尼科特临床范式
	KELAIYIN YU WENNIKETE LINCHUANG FANSHI
著　　者	［英］简·艾布拉姆，［英］R. D. 欣谢尔伍德
译　　者	王　晶
策划编辑	王　洋
责任编辑	詹燕徽
出版发行	世界图书出版有限公司北京分公司
地　　址	北京市东城区朝内大街137号
邮　　编	100010
电　　话	010-64038355（发行）　64033507（总编室）
网　　址	http://www.wpcbj.com.cn
邮　　箱	wpcbjst@vip.163.com
销　　售	新华书店
印　　刷	三河市国英印务有限公司
开　　本	787mm×1092mm　1/16
印　　张	19.5
字　　数	228千字
版　　次	2022年8月第1版
印　　次	2022年8月第1次印刷
版权登记	01-2021-0231
国际书号	ISBN 978-7-5192-9617-9
定　　价	69.00元

目 录
CONTENTS

第三部分 外部客体的角色

第四部分 精神分析概念之"精神痛苦"

第五部分 实践与理论

献给教导过我们的和我们教导过的、
所有参与此书对话和比较研究的国内外同仁

中文版序

我们非常开心能够为此书中文版写序。

我们试图通过本书让读者以一种个人化的方式了解一些相当艰深的理念和理论。希望我们的对话能够吸引你——我们的读者。如今，精神分析各个流派中存在很多观点与意见，人们需要的不再是新的概念，而是能够对比既有概念、理念的新方法。而这本书正是对此做出的一次尝试。

通常，在培训课程及许多专业文献中，分析师在做出所属学派的"立场声明"时往往不引用其学派的文献。那么其他学派的人在不清楚该学派基本假设和观点的前提下，只能靠自己去进行对比工作。而在培训过程中，学生作为处于最不利位置的人，往往要在无指导的情况下凭一己之力去对比不同学派思想中相融或相逆的部分。尽管我们往往忽视了不同学派间的差异，但我们不能忽视的是，近一个世纪以来出现的学术争议越来越多。

正如比昂所说："争议是进步生发的起点，但争议必须是真实的面对面，而不是不同观点从未相遇的隔空绣花拳。"（Bion 1970，p.55）我们希望你能看到，此书中所进行的讨论并非观点的空洞交汇，而是我们彼此所持有的不同观点、态度的真实交流。

　　克莱茵学派和温尼科特学派形成了不同的临床范式，然而两者间的距离并非那么遥远。因此我们之间的对话并不像其他争议那么艰难。但是，我们的争论之中也包含了很多个人卷入及职业化的理性思考。我们在本书中提出了各自学派的声明，又进一步通过电子邮件，分别以克莱茵和温尼科特学派的视角相互进行点评。电子邮件这种沟通媒介让我们既能展开自发性的对话，又能有时间进行反思。当我们结束工作时，彼此都十分感恩对方的容忍——让我们得以共同经历一次相当愉快、友好的学术讨论之旅。但不得不承认，有时候我们也确实会在平静的氛围内制造波澜。

　　我们注意到，每个思想流派都倾向于发展出关于其他流派理论的误解。对比这些误解并非易事，尤其是当我们发现对方对我们所持有的观点理解有偏颇时，我们的个人卷入度和感受都会受到影响。因此，你也需做好心理准备——自己所珍视的观点可能会被挑战、扭曲，甚至遭到挫败。精神分析是关于个体的科学，我们在阅读和开展工作的过程中难免出现很深的个人卷入甚至内心困扰。但是我们希望，这种可能出现的困扰会启发创造性思维，甚至成为你书写的契机。

R. D. 欣谢尔伍德

简·艾布拉姆

2021年3月

译者序

翻译《克莱茵与温尼科特临床范式：比较与对话》是一次不同寻常的有趣经历。

本书的两位作者R. D. 欣谢尔伍德（R. D. Hinshelwood）和简·艾布拉姆（Jan Abram）都是当今世界上著名的精神分析专家，而他们所探讨的又是20世纪两位著名的精神分析专家——梅兰妮·克莱茵（Melanie Klein）和唐纳德·温尼科特（Donald W. Winnicott）的理论。欣谢尔伍德和艾布拉姆分别是研究克莱茵和温尼科特的专家，在近三十年间分别撰写了首部关于克莱茵理论和温尼科特理论的辞典；此外，他们还发表了大量关于两位大师的论文。可以说，若要严肃对比克莱茵和温尼科特的理论和临床范式，他们两人是最有资格担此重任的。

在很多人看来，克莱茵和温尼科特似乎都属于"客体关系"学派。事实上，尽管温尼科特曾经接受克莱茵的督导并受到克莱茵理论很深的影响，但是他慢慢发展出了自己独特的理论，并尤为强调环境在个体心灵发展中的重要地位。此外，温尼科特也提出了"过渡性现象"和"过渡性客体"等原创概念，并突出了创造力的沿革及其在心理发展中的地位。另一方面，克莱茵早已是英国精神分析协会中的元老级成员，她开发了儿童精神分析的方法，并不断提出新的、具有极大启发性的概念，如"偏执-分裂位置""抑郁位置""嫉羡"等。当然，我在这里只是极为简要地概括了两人的重要成就，因此我必须强调，他们二人的理论博大精深，这也可以说是很好地继承了弗洛伊德的传统。

克莱茵和温尼科特这两位精神分析理论家的相似点和不同之处既和他们所处的时代有关，也和他们各自的人格特点有关。两人对婴幼儿心理发展的兴趣让他们走到一起；而两人对于婴幼儿心理发展中什么因素更为重要的分歧又让他们分道扬镳。不过，二战期间的"争议性辩论"也成为二人渐行渐远的一个重要因素，而这一因素的影响直至今天依然可见。两位理论家的理论既足够接近又足够不同，因此，关于他们的对比对照工作尤为重要。

但是，真正的对比工作是艰难的。在理论发展的进程中，双方的阵营中必然会产生极化倾向和对对方理论的偏见及误解，这时常会让理论对比变得十分困难。但是两位作者展开的对话是真诚的，他们在激烈的对话中仍然能从对方的视角思考问题，能暂时放下自身对对方所秉持理论的假设，因此这本书也澄清了一些已存在多年的误解。例如，温尼科特学派倾向于认为克莱茵忽视环境对于婴儿发展的影响，但真相并非如此；又如，克莱茵学派常常认为温尼科特只重视环境、不重视婴儿的内部世界，而这也非事实。

这本书出版后在精神分析学界引起了极大反响。两位作者多次受邀进行理论对比讲座，并且引发了一场全球性的精神分析理论对比热潮。世界图书出版公司因而引进此书版权进行翻译，以飨中国读者。

这是一本不同寻常的书，我建议读者先将全书通读一遍，再回过头来精读。由于这是一本理论对比性书籍，所以两位作者的对话尤为关键与精彩。我在这里先剧透一下，全书第五部分的对话最为激烈和引人深思，但是前面的章节对于理解第五部分的讨论做出了重要铺垫。因此，对全书的通读不仅对于理解克莱茵和温尼科特理论之异同至关重要，也对理解两位作者的对话甚为关键。

最后，我想对两位作者——R. D. 欣谢尔伍德医生和简·艾布拉姆教授——所提供的支持和指导表示感谢，对本书审校杨方峰先生的帮助和支持表示感谢，并对本书编辑王洋女士提供的大量帮助表示感谢。翻译永远存在缺憾，在此我也感谢读者的批评指正。

王晶

2021年4月于北京

前　言

　　本书发轫于举办一次工作坊的念头——当时还是在2011年，简·艾布拉姆在艾塞克斯大学担任访问教授。她在教学过程中注意到，学生们常常对精神分析在争议性辩论（1942—1945）后出现的各种不同流派及其差别感到困惑，于是她萌发了在不同理论间进行对比和对话的念头，并建议R. D. 欣谢尔伍德①一同参与。由此，他们便于2013年3月在艾塞克斯大学的精神分析研究中心举办了第一次工作坊。

　　欣谢尔伍德于1997年离开国家健康服务中心到艾塞克斯大学任教。之后，他投身于对各种精神分析思潮的研究中，并指出在对比和对照不同流派思想时，临床工作是一个重要的信息来源。这一理念推动他进一步研究了压抑和分裂这两个可类比（或不可类比）的概念（Hinshelwood，2008）。

　　此次工作坊结束后，艾布拉姆和欣谢尔伍德得到波兰精神分析协会的邀请，于2015年11月在华沙又举办了一次同样的工作坊。此时，他们二人已经发展出一种讨论梅兰妮·克莱茵和唐纳德·温尼科特理论基本要素的方式。在工作坊中，他们邀请一名

---

　　① 本书作者欣谢尔伍德的全名为Robert Douglas Hinshelwood, Robert的昵称为Bob，故本书对话部分及后记中出现的鲍勃即指作者欣谢尔伍德。——译者注

精神分析师呈现进行中的高频治疗记录的逐字稿。这样做便于他们在工作坊的下一个阶段展示如何将各自所秉承的理论应用于临床工作。这样的视角也贯穿于本书的各个章节。

两次工作坊都大获成功，有很多人踊跃参与。这不仅仅是因为在客体关系研究领域内比较研究屈指可数，也是因为克莱茵和温尼科特都是继弗洛伊德之后建树丰厚的20世纪精神分析大师。此外，自从英国精神分析协会在20世纪40年代的学术论战后，再未出现过两个受训于英国的精神分析师——他们分别凭借对克莱茵和温尼科特的研究而闻名于世——进行这类比较对话的情况。工作坊尽可能多地为参与者提供时间去讨论。分析师们、学生们都饶有兴趣，并渴望有更多的机会去探索和考察克莱茵与温尼科特之间的异同。基于两次工作坊带来的激荡体验，本书自然而然地诞生了。

本书的作者之一，R. D. 欣谢尔伍德，在1989年出版了《克莱茵学派理论辞典》（*A Dictionary of Kleinian Thought*），而另一位作者简·艾布拉姆在1996年出版了《温尼科特的语言》（*The Language of Winnicott*）——他们二位有足够的动力和能力去进一步探讨两位大师的异与同。必须提及的是，在两次工作坊的激发下，他们更好地理解了对方的观点与视角。

本书架构的设计旨在保留和延续两次工作坊所凸显的那种生动自发的对话氛围。鉴于此，本书试图摆脱精神分析出版物的烦冗，努力创造出克莱茵和温尼科特之间的对话。这两位大师以20世纪30年代弗洛伊德经典范式为基础，发展出了截然不同的临床范式。

回顾柏拉图，人们都会想到苏格拉底方法（Socratic method），它促进了"基于提问与回答，两个个体间合作性的辩论——其目的是激发批判性思考，厘清观点及隐身其后的假设"（引自维基百科：苏格拉底方法）。同样的，澄清克莱茵与温尼科特这两位理论家之间的差别是极有必要的，因为他们各自理论的追随者不仅很可能在理解对方理论上存在不足，而且可能对于对方理论的某些方面存在偏激的看法。

本书分为五大部分。由于温尼科特的理论多缘起于（或至少可以说最早缘起于）和克莱茵的对话，所以，每个部分都由欣谢尔伍德开启——他会针对特定主题撰写关于克莱茵的一章；然后由简就温尼科特的概念写下一章；紧随其后的是该部分小结，将两章中的要点以表格的形式对比呈现；最后则是两位作者间的对话。全书主要包含十章和五次对话。

对话是根据已完成章节的电子邮件评论和反馈整理而成的。电子邮件这种沟通形式保证了一定的思考时间，而且能够保有可贵的自发性和原创性。因此，本书在收录时仅对电子邮件内容进行了少量编辑，尽量保留了沟通中出现的误解。通过这种方式，能够让读者看到——尽管两位作者是各自领域的专家，并自以为知道彼此的想法，但其实在沟通中经常会有误读或误解。

整个对话是一场学术界难得一见的互动——两位专家努力投身其中，探讨两个相当不同却又有所关联的精神分析学派。谈话自然流畅，结果也很有趣。

此书语言精练，既能被初学者所理解，也可为有经验的临床工作者及精神分析研究者所用。毋庸置疑，本书也存在一定的局限性，因为其关注点在于两位主人公——梅兰妮·克莱茵和唐纳德·温尼科特——主要的一致点和分歧。

这样的"对话"是一次勇敢的尝试。希望读者在阅读本书时也能体会到作者在对话过程中的兴致。在对话的过程中，两位作者发现了各自在理解对方观点上存在的困难，而他们始终抱着坦诚的态度，真实地在这个过程中从对方那里获取养分。当然，这并不意味着所有的误解都会被消除。

有时，来自参照框架外的观察相当具有启发性，它能够激发进一步的反思，但同时需要注意的是，抗拒倾听的惯性也可能变得相当顽固。罗杰·莫尼-克尔（Roger Money-Kyrle）对政治团体（而精神分析团体当然也是这类团体）做出过如下评论：

> ……拿精神分析来争辩、来发现政治对手的缺陷和问题是相当容易的。但如果我们发现自己在做同样的事，却没有同样严格地审视自己所持的观点，那么我们就需要怀疑我们

是否正在被"刺与梁木"原则①所控制，并有着寻找"替罪羊"的动机。（Money-Kyrle，1964，pp. 374-375）

希望对话的形式对读者而言是一种愉悦的参与方式；也希望本书能够清晰地阐述两位作者对话中议题产生、演变和澄清的过程；更希望通过这本书，有更多的人能够重赴作者的道路并能更有收获，在这个对照对比之旅中发现更多丰饶的细节与微妙的差别，形成更多洞见与观点。

---

① 这一表述来自《圣经·马太福音》第七章："你们不要论断人，免得你们被人论断。因为你们怎样论断人，也必怎样被论断；你们用什么量器量给人，也必用什么量器量给你们。为什么看见你弟兄眼中有刺，却不想自己眼中有梁木呢？你自己眼中有梁木，怎能对你弟兄说'容我去掉你眼中的刺'呢？你这伪善的人！先去掉自己眼中的梁木，才能看得清楚，然后才能去掉你弟兄眼中的刺。"——译者注

导　论

　　本书的构架由两个主要模块构成——对比和对话。全书分为五大部分，每一部分首先针对特定主题分两章进行阐释，紧随其后的是两位作者对所呈现主要议题的更系统性的总结，其后则是两位作者通过电子邮件进行的"对话"。为了尽量保留自发性，"对话"有时也不可避免地会曲径漫游。

　　下面我们将概述每章的主题，以及从贯穿始终的"对话"中自然迸发出的主题。

　　第一部分将会介绍克莱茵和温尼科特所拥护的基本原则，并进一步阐述两人对精神分析做出的创新是以弗洛伊德经典精神分析为基础的库恩式科学革命。本书的每一章和每一次对话都力图展示两人在弗洛伊德最初的基本临床范式上所演化出的不同临床范式。克莱茵和温尼科特两人突出的共同点就是他们对精神分析理论的发展都植根于他们的临床工作，即高频儿童和成人分析。然而，也许有一个事实已不再会引起惊叹，那就是他们对弗洛伊德著作的解释迥异。本书试图展示他们在理论和临床上的不同之处，以及他们对今日精神分析发展所产生的深远影响。

　　在第一章中，R. D. 欣谢尔伍德展示出梅兰妮·克莱茵对精神分析发展的贡献深受她在柏林的分析师和导师卡尔·亚伯拉罕（Karl Abraham）的影响。欣谢尔伍德将会强调这一影响的重要意义。在第二章中，简·艾布拉姆勾勒出温尼科特理论建构的发展路径，并指出他深受梅兰妮·克莱茵的影响。可以说，克莱茵的作品可被视为她与亚伯拉罕个人对话的产物，而温尼科特在其著作中则始终保持着与克莱茵和那个时代克莱茵学派的对话。然而需记得的是，当克莱茵在柏林和伦敦发展她的新理论时，弗洛伊德和维也纳的精神分析师们也在加固、整合经典精神分析理论——在20世纪30年代，他们已经不认可克莱茵的一些新观念了。另外，当温尼科特在1934年刚刚被认证为精神分析师时，克莱茵已经是英国精神分析协会的资深分析师，并进行着她主要的理论发展建构。此时，距离弗洛伊德逝世（1939年）只有五年时间，而弗洛伊德仅在逝世前一年才从纳粹控制的奥地利逃亡到伦敦。

两章之后的小结重点描述了克莱茵在儿童精神分析上对温尼科特的影响，也强调了两人之间两个重要而彼此交织的分歧："环境"及"死本能"。这两个临床理论概念以不同形式渗透到后面的章节中。

第一部分的对话由欣谢尔伍德在阅读艾布拉姆所著第二章后开启，关注点集中在弗洛伊德的原初自恋和本能理论上。对话深入阐述了这些主题，两位作者都从中得到了意外收获。例如，欣谢尔伍德特别强调，克莱茵并非真正意义上的驱力理论家，当她在其著作中谈到"本能"时，她所说的"本能"和弗洛伊德所说的"本能"并不是一回事；艾布拉姆则指出，温尼科特并非一个"驱力理论家"——他注重客体关系及亲子关系对本能的意义。饶有趣味的是，两位作者得出如下结论：克莱茵和温尼科特"表面上"对本能理论的忠诚其实只不过是口头支持处于主导地位的弗洛伊德理论而已，而并非真正意义上的同意。

可以说，梅兰妮·克莱茵和唐纳德·温尼科特是两个重要的先锋人物，他们最先把早期精神发展这一概念并入精神分析中。第二部分的第三、四章勾勒出他们各自如何建构生命初始时婴儿的心理状态，并重点介绍他们各自理论概念的来龙去脉——克莱茵强调内部因素（死本能）导致了新生儿的焦虑；温尼科特指出，婴儿对环境（亲子关系）的绝对依赖要么促进其发展，要么阻碍其发展。这两个关于早期精神发展完全不同的理论由此进一步对第一部分引入的辩论做出了扩展。在第一部分的总结中，两位作者着重指出了从内部和外部及从主观性、客观性意义的角度讲，"自我"和"自体"两个概念的差别。欣谢尔伍德强调，克莱茵认为婴儿从出生起就具备了自我边界；艾布拉姆则指出，在温尼科特的理论中，新生儿的客体和主体在初始时处于"融合"状态。

艾布拉姆在第四章中提出，温尼科特认为"恨"是一项发展成就，而欣谢尔伍德在第二部分的对话中首先挑战了这一观点。这篇对话鲜明地揭示出克莱茵和温尼科特（也是两位作者！）之间本质的不同。对话内容涉及生物性议题、挫折的意义，以及恨、施虐和嫉羡的含义。欣谢尔伍德的落脚点是，克莱茵认为婴儿要与自身内部攻击性力量进行艰苦卓绝的斗争；艾布拉姆则聚焦于温尼科特提出的抱持性和促进性环境的意义。这篇对话也见证了两位作者在就两人所拥护的不同观点和视角进行沟通时所面对的困难。最终，欣谢尔伍德明确指出，克莱茵的宝宝们要去应对和偏执-分裂位置有关的强烈焦虑。艾布拉姆则定义了两类温尼科特的宝宝：一类宝宝从一开始就被足够好的母亲的臂弯所抱持，因而不会体验到"无法想象的焦虑"；另一类宝宝则没有足够好的母亲，因此总是处于震恐之中——温尼科特描述他们的心理状态为"原始极端痛苦"——会体验到"无休止坠落"的感受，就如同克莱茵所描述的婴儿一样。

第三部分"外部客体的角色"从逻辑上承接了第二部分关于早期精神环境的各个主题。克莱茵和温尼科特两人不同的象征性基础再一次得到澄清与阐述。在第五章中，欣谢尔伍德选择了克莱茵的一些重点概念进行论述，包括与深层无意识有关的焦虑和无意识幻想，以及克莱茵偏执-分裂位置和抑郁位置的建构。在第六章中，艾布拉姆则重点介绍了温尼科特的"环境-个体组合"这个概念，并进一步论述温尼科特的"没有婴儿这回事儿"（three is no such thing as a baby），即婴儿总是相对于某个环境而存在这个观点。在第三部分的小结中，读者们可以再次领略两位理论家的不同之处：克莱茵认为，婴儿从出生起就和客体关联着；温尼科特则认为，婴儿出生时和客体处于"融合"状态，二者是"未整合"的。第三部分的对话聚焦在温尼科特如何斡旋克莱茵的两种心位（positions）的理论：温尼科特同意克莱茵对抑郁位置的描述，但他不接受偏执－分裂位置就是新生儿生来就有的心理状态这一观点。对话也对比了两位理论家在理解弗洛伊德的俄狄浦斯情结上的差异。克莱茵把俄狄浦斯情结放置在生命更早期，但温尼科特认为俄狄浦斯情结是一个发展成就，是一些个体终其一生也无法达到的阶段。这两种视角都与强调性心理的经典弗洛伊德理论渐行渐远。

尽管临床工作是所有章节的基底，但第四部分更直接地聚焦于"精神痛苦"这个概念。读者到现在为止应该已可以推测，欣谢尔伍德认为，对克莱茵而言，"内部焦虑"构成了精神痛苦；艾布拉姆则强调，温尼科特的依赖理论揭示出不同等级的精神痛苦。这一部分的小结则继续延展了之前章节的各个主题，同时开始接近两位理论家的核心差别。

第四部分对话由欣谢尔伍德开启，他提出了关于婴儿责任感的问题，并探究何谓先天固有。艾布拉姆感到欣谢尔伍德并没有完全理解她想在第八章中表达的主旨，因此对他做出了进一步的回答。辩论围绕婴幼儿责任感、两价性情感，以及正常和病理的概念展开并进一步变得白热化。艾布拉姆尝试澄清温尼科特所使用的语言，并更具体地讨论了"全能感"这个术语。她区分了两种类型的全能感，一种是温尼科特所说的（全能感）"幻象"，这是自体感的核心；另一种是病理性的全能感，它是失败环境的产物。欣谢尔伍德强调，相较于温尼科特在婴儿视角和观察者视角两者间往复切换，克莱茵对于婴儿内部世界一致性的关注能够带来更多帮助。这篇对话中包含了和临床设置技术相关的一些重要争议。尽管两位作者努力探讨并尝试阐明诸多复杂概念，但我们可以看到，他们并不能完全传达各自想要解释清楚的内容。这场角力的一个有趣结果是让"幻象"和"原初创造性"的关系逐渐浮出水面。艾布拉姆指出，克莱茵并没有关于原初创造性的理论；而欣谢尔伍德在和汉娜·西格尔（Hannah Segal）一次讨论的基础上做出了他的回答。

在全书最后一部分，即第五部分中，两位作者都尝试阐明两位理论家在技术层面上真正意义的差别。欣谢尔伍德借由克莱茵对焦虑的直觉，解释了由于病人"对解释的反应"，所以她的技术更关注深层解释（参见术语表）。詹姆士·斯特拉齐（James Strachey）1934年关于精神分析"治疗性行为"的经典论文在此作为克莱茵技术的例证被引用。欣谢尔伍德在第九章中强调，克莱茵尤为重视治疗小节中的"焦虑水平最高峰"，并以克莱茵和病人露丝的案例为证。在第十章中，艾布拉姆也使用了斯特拉齐的论文，把它当作揭示温尼科特如何进行分析工作的理论依据。艾布拉姆提出了一个看法——尽管并非所有在英国接受训练的分析师都会同意这个观点——斯特拉齐的论文跨越三个不同流派，列举了英国培养出的大部分分析师是如何工作的。不过，她也指出，温尼科特在其晚年工作中，尤为注重和强调分析师要提供抱持性环境——这点可从《游戏与现实》（1971b）这部书中窥见一斑——没有抱持性环境，"突变性解释"便无从谈起。此外，这一部分也涉及克莱茵和温尼科特各自如何看待"退行"这一争议性概念。最后的小结阐述了两位理论家识别出的根本性临床问题。

第五部分的对话清晰揭示了克莱茵和温尼科特两人理论建树所发生的不同时代背景。欣谢尔伍德指出，克莱茵可能并没有跟上20世纪50年代出现的精神分析新思潮，尤其是关于反移情概念的发展。艾布拉姆则认为，克莱茵并不一定真的没有跟上这股思潮。艾布拉姆同意克莱茵对于使用反移情所持的谨慎态度，并对比了温尼科特定义的三种不同类型的反移情。可以说，这部分对话是全书中最困难的一次对话，也是最长的一次——尽管从争论的激烈程度来讲，第二部分对话与之不分高下。但这也许不足为奇，毕竟人们能从讨论中愈发清晰地看到这样一个事实："理论"冲突和英国精神分析协会的痛苦成长"个人史"紧密相关，其影响在本书多章中被提及。

在讨论反移情之后，欣谢尔伍德评论温尼科特的技术具有"修复性情感体验"的意味。对此，艾布拉姆据理力争，指出这并非温尼科特技术的目的，并再次引用了第六章中的著名案例来说明这一观点。然而欣谢尔伍德并不信服，他使用第八章中曾经引用的克莱茵的一位跟随者罗杰·莫尼-克尔的临床案例进行反驳。欣谢尔伍德认为，两个例子清晰揭示出技术上的不同，但艾布拉姆认为，尽管从元心理学角度看是有不同，但他们的工作方法都可被视为从各自深刻的反移情体验出发对病人进行解释。艾布拉姆并不是说两者完全一致，而是说两位分析师都是在移情-反移情的框架下工作。但是就这一部分，欣谢尔伍德并不认同艾布拉姆的观点。之后，艾布拉姆继续就第四部分提出的"幻象""全能感"和"创造性"等概念做了探讨和阐述。她提醒大家注意温尼科特对于一些词语的特殊使用方式，并指出它们可能导致不同程度的误解，尤其是"全能感"和"幻象"这两个术语。接下来，欣谢尔伍德在其最后的评论中，澄清了克莱茵对"感知"概念的建构。从这些讨论中清楚可见的便是，各种各样的术语很容易导致混淆。尽管温尼科特把非精神分析领域的词语诸如"游戏"和"幻象"使用到精神分析中，但他的本意是扩展弗洛伊德"自由联想"和"移情"的概念；而克莱茵所说的"无意识幻想"恐怕也有着相同的初衷，即进一步发展精神分析。因此，正如本书两位作者所计划的那般，讨论也展示出克莱茵和温尼科特对于"移情"这一概念的不同理解和建构。而这些不同也不可避免地作用于他们的临床方法和实践。接下来的问题就是这些差别是否能够被调和。作为一个合作研究项目，真正的挑战是双方是否能够领会对方的观点和视角。两位作者都清楚地知道，每一次"对话"仅仅是更深入对话的开端——如同分析性治疗一般，解决观念分歧绝非最终目标。

第一部分
基本原则

第一章与第二章将会简要介绍克莱茵和温尼科特理论之滥觞：克莱茵独立于温尼科特，而温尼科特则同时与弗洛伊德和克莱茵对话。这两章分别总结了此书两位主人公的主要理论发展，以及他们在解读弗洛伊德著作上的不同之处。

第一章　梅兰妮·克莱茵

R.D.欣谢尔伍德

核心概念

· 儿童分析　· 无意识幻想　· 焦虑　· 客体关系
· （无意识）更深层　· 抑郁位置　· 偏执–分裂位置

应该是梅兰妮·克莱茵的第一任分析师、身居布达佩斯的桑多尔·费伦齐（Sandor Ferenzi）最先鼓励她观察儿童——尤其是观察她自己的孩子。在弗洛伊德1909年发表了小汉斯案例（Freud，1909b）后，观察孩子这件事也变得较为常见。1919年，克莱茵成为匈牙利精神分析协会会员，入会论文正是围绕对学龄期儿童的观察所写，考察了他们的好奇心及他们在探索中出现的问题等（这篇论文后来成了克莱茵1921年出版物《一个儿童的发展》的一部分）。1921年，她移居柏林，开始发展一种特殊的儿童治疗方法。

克莱茵的术语

第一次世界大战后的时期既是建立经典精神分析理论的时期，也是经典精神分析学派与诸如卡尔·荣格（Carl Jung）、威廉·斯特科（Wilhem Stekel）、阿尔弗雷德·阿德勒（Alfred Adler）等叛离者争辩主张的时期（Jones，1955）。因此对于克莱茵而言，有一件很重要的事就是正本清源，赢得"完全从属于正统主流"的声誉。她通过使用同时代分析师的语言来达成这一目的，但同时加入了她的个人视角，这不仅导致她的著作较难理解，而且遮蔽了她理论的原创性（例如俄狄浦斯情结的时间定位、超我的来源、儿童中移情的存在、对儿童使用分析性技术等）。需要特别注意的是她对"本能"的理解。由于她没有医学甚至任何一门科学的受训背景，克莱茵对"本能"这个术语的使用和弗洛伊德及大多数精神分析师理解的含义不尽相同。她并不认为"本能由某种生物能量组成"，是动机背后的动力。此外，她的著作中对于经济学模型也只字不提。尽管她拒斥精神能量的经济学理论，但她对此从未明确声张。这就把困难留给了我们这些读者——要识别出她在关注焦虑的同时忽视了精神能量的经济学。

发展出一种儿童分析的形式

在柏林，克莱茵在卡尔·亚伯拉罕（他于1924年成为克莱茵的第二任分析师）的支持下，发展出一种对儿童进行精神分析的方法，而这一方法严格地建立在成人精神分析的基础上。她指出，如果成人分析的方法是要求病人在头脑中进行自由联想的话，那么相对应的儿童方法则应是自由游戏。她接着询问：那么成人分析接下来会发生什么呢？之后她自问自答，提出病人有时候会阻抗自由联想的邀请，同理，在儿童治疗中也会出现类似的对游戏的抑制。在当时，亦即20世纪20年代早期，成人分析技术正朝所谓的"阻抗分析"演变，而阻抗的存在则展示出自我在何处启动了防御操作。那么成人分析师在遇到阻抗时会怎么做呢？分析师会对被压抑的、现在已经变得无意识的内容进行解释。同样，克莱茵认为儿童分析师显然也要做相同的事情——解释（Klein，1932）。

因此她的著作以探讨对游戏抑制进行解释的效果为开始。对克莱茵而言，她的发现是再清楚不过的：一次又一次，她在论述中强调，当她对无意识内容做出解释后，游戏抑制会减弱，而更多自发性游戏会浮现出来。

那么她又解释了什么样的无意识内容呢？她的方法似乎基于这样的认知：游戏并不一定是轻松欢快、充满乐趣的，其中包含导致压抑产生的核心冲突。因此，她就把游戏叙事当作弗洛伊德所说的无意识幻想来观察。"无意识幻想（白日梦）是存在的，就如同每个人都能从个人经验中知道同样类型的意识创造是存在的一样。"（Freud，1901b，p. 266）这类无意识幻想是对儿童及成人心理发展产生影响的叙事。俄狄浦斯情结幻想就是关于和两个原初客体——母亲和父亲——关系的幻想，其中裹挟着谋杀与乱伦。弗洛伊德正确地指出，大多数儿童并没有亲眼目睹或者亲身经历谋杀及乱伦，但如若俄狄浦斯结构和情结总体而言是有效的，那么它必然发生在儿童的内心世界中，而非发生在真实的家庭生活中（当然，只是通常不会发生在真实的家庭生活中）。鉴于此，弗洛伊德认为儿童拥有讲故事的禀赋，他们通过这种活动解释所经历的事情和所体验到的奇特感受和状态，而只有当他们成长为大孩子或青少年时，才能识别出这是性的感受。这些想象出来的故事不一定都在意识层面，而那些无意识的故事自然也更具有牵引力——这恰是因为他们无法判定其真实性，也无法转述给他人以获得安慰。

克莱茵的兴趣点在于儿童如何使用她在游戏室提供的玩具，在她的面前上演"内心戏"。尽管她从未直言，但她很可能认为这场通过玩具表达的叙事甚至比成人的自由联想还要清澈透明。即使她不这么想，她也的确认为自己有一套很好的方法，可以触及这些儿童在成长阶段发展出来的无意识幻想。

因此在1921年，她感到获得了卡尔·亚伯拉罕的鼓励，便开始开发儿童的游戏治疗技术。尽管梅兰妮·克莱茵并非一名研究型科学家，但她似乎确信自己发展出了一套颇为实用的探索方法以了解儿童早期的情况。她也认为这一方法优于传统精神分析方法，后者靠成人分析反推生命早期经历。弗洛伊德在1918年发表了狼人案例——当年克莱茵恰好在思忖是否要把精神分析当作事业——而这个案例则很可以说明问题。二十几岁的病人带来了一个四岁时做的梦。弗洛伊德声称,二十多年后对这个梦分析得来的意义和这个梦在孩童期可能具有的意义必然存在某种"起源上的连续性"(genetic continuity)(Freud,1918b)。而在克莱茵看来,能对四岁儿童进行分析的方法其效果至少不亚于弗洛伊德二十多年后进行的"事后"方法。

本能或关系

一种新的探索方法也会发掘出全新的一类数据。游戏通常更能展示出焦虑,而克莱茵感到她见到的很多儿童都深受焦虑困扰。事实上,在她未出版的自传中(见Klein,1959),她说发现自己时刻聚焦于焦虑,而从未探讨驱力和本能。她感到,她被要求去看到并联结上孩子们即刻的,甚或是绞心裂肺的痛苦,而这吸引了她的注意力。他们的游戏中传达的是可怕的场景和结局,孩子们仿佛在指引成人看到他们绝望的叙述。事实上,克莱茵认为儿童以这种方式尝试将他们所体验到的焦虑告诉成人。在此基础上,她发展出一个观点,即儿童——至少是无意识地——有意图地通过游戏来进行沟通。而弗洛伊德也提到过"无意识对无意识的沟通"(Freud,1912e)——成人的责任就是能够识别沟通信息。克莱茵认为,儿童和任何一个成年人一样已准备好去了解自己无意识中的内容，了解其中的冲突及冲突导致的焦虑。这一理解不断地把她指向焦虑水平的最高峰。由此，经典理论中作为动机力量的本能概念就被旨在减轻焦虑的动机力量所取代。

儿童通过玩玩具的游戏向克莱茵展示出他们与重要他者的关系、这些人物之间的关系及生活中的议题。因此，克莱茵倾向于从客体关系——人物之间的关系——角度来建构她的理论也就不足为奇了。她看到的孩子们摆弄的物件（玩具）其实也代表了他们生活中重要的人物。她的对客体状态和命运的强调与同时代关注本能能量的分布和流动的传统视角形成了鲜明对比。

因此，克莱茵确实推动了理论变革，并随着时间推进变得愈发富有冒险精神。她和弗洛伊德与温尼科特的重要差别在于，她认为自我从出生那一刻起就和周围世界（环境）区分开来了。

（无意识）更深层

克莱茵考察了被她称为（无意识）更深层（或"精神病性"）的心理层级和无意识——这里包含着特定的焦虑与防御。最晚从1929年起，克莱茵就在和一些有精神分裂症状及患有精神分裂症的儿童和成人工作了。这让她的研究趋向于亚伯拉罕在1925年逝世前的研究范畴。亚伯拉罕分析了成年躁狂-抑郁病人的性器前期，并在此基础上强调客体关系的重要意义。他尤为重视对那些具有重要情感意义的客体的纳入和排除。克莱茵一直到生命最后，都继续着亚伯拉罕的工作。因此，研究性器期之前的发展早期成为克莱茵的专长。

克莱茵有许多具体的发现，其间横贯着一条线索：她追随亚伯拉罕，坚持认为存在着一些特殊的心理过程，它们"不同于"弗洛伊德和维也纳学派以及经典精神分析师所描述的那些机制。因此，她也不得不区分出深层机制，从而与安娜·弗洛伊德（Anna Freud，1936）所描绘的如压抑、撤销、反向形成等传统防御机制划清界限。克莱茵的贡献在于她识别出心理过程的两个亚类型：一是经典的类型，如前面所列举的那些机制；二是来自性器前期的更原始的机制——投射和内摄，以及之后发现的分裂和不同形式的认同（Klein，1946）。这是两种类型迥异的心理过程。克莱茵不仅是单纯地在经典列表上添加项目。她称这些过程为原始机制，并认定它们从属于心理运作的深层，是精神发展早期具备的特征，并在无意识深层持续性地活跃着。

克莱茵认为这些深层的原始机制是人处理焦虑的早期方式。早期焦虑与经典精神分析谈到的焦虑不同，后者的焦虑来自俄狄浦斯冲突。在俄狄浦斯冲突之下，渲染色彩、描画背景的是其他类型的焦虑；这些焦虑关乎生存或湮灭、自我及其客体的形成或瓦解。在心灵深层中，似乎存在着两种根本性焦虑：一种焦虑与客体的命运有关；而另一种焦虑则与自体的存亡有关。她把这两种焦虑分别命名为"抑郁位置"和"偏执-分裂位置"（见第五章）。针对每种焦虑分别有一系列可供选择的原始防御机制。

临床方法

克莱茵发展她临床方法的时期也是精神分析学派——从总体而言——试图解释病人在解读他人过程中所出现的无意识扭曲的时期。这里的无意识扭曲即统觉。弗洛伊德（1911b）认识到现实原则的重要性并对其进行了命名，此外，他发展出修通扭曲（统觉）不真实性的方法，并指出，是否存在扭曲取决于分析师对病人世界中他者真实性的判断。克莱茵挪用了这一方法。首先，她承认这种方法的有效性；其次，她逐步开始强调这个工作要在此时此地的背景下完成。分析师在治疗中真正能够挑战的病人扭曲的现实部分仅是治疗小节中病人对分析师所产生的扭曲，亦即弗洛伊德所称的移情神经症。一位常被遗忘的英国精神分析师如此谈论这种"此时此地"的方法："只有在特定时间中存在的力量才能够对那个时刻产生影响。"（Ezriel，1956，p. 35）但也许对克莱茵提倡的这种方法最清晰达意的描述来自詹姆士·斯特拉齐1934年的论文，这篇论文在1969年再次发表。

当然，克莱茵对现实检验及其治疗意义的重视在其作古后被后继者发展并做出了很大修正，其中包括比昂提出的临床工作基本原则——容器–容纳物。这个基本原则正是从1930年代所强调的此时此地方法演变而来的，它着重指出分析师是病人的现实外部客体，但行使着一种特殊的内部功能——为病人的体验赋予意义。外部客体并非重要之事，其意义才是。从这个角度讲，比昂对外部世界做出了一种康德式的建构。

严格而论，克莱茵之后的发展并不是我们当下所关注的克莱茵与温尼科特对比与对照的一部分，但是这里需要提到"涵容"这个概念，因为它在很大程度上和温尼科特所发展的临床方法保持平行。

＊＊＊

在本章中，我简要概括了克莱茵提出的视角与方法的基本原则：

1. 遵照成人分析方法，发明了儿童分析方法；

2. 无意识幻想；

3. 起源连续性的逻辑；

4. 关注焦虑体验，而非精神能量的经济学；

5. 玩玩具的游戏是客体关系的重要指示；

6. 出生起即有自我边界；

7. 无意识的更深层（"精神病性"的心理层级）；

8. 性器前期层级比性器期层级更重要；

9. 从部分客体角度看俄狄浦斯情结；

10. 关于焦虑、防御和客体关系的两个基本心位（偏执-分裂位置和抑郁位置）。

第二章　唐纳德·温尼科特

简·艾布拉姆

核心概念

·儿科学　·情绪发展　·人类本性　·平凡奉献　·成熟过程　·促进性环境　·涂鸦游戏　·过渡性现象　·客体使用

温尼科特的理论基础

　　唐纳德·温尼科特的理论跨越了三个发展时期，而他提出的主要精神分析概念从根本上影响了精神分析实践（见Abram，2008，2013；又见本书年代表）。他探索的核心聚焦于主体对环境的体验，以及这种体验如何塑造成长中的心理和自体感。

　　在1919年，第一次世界大战后，温尼科特发现了弗洛伊德的作品，这激发了他想要成为一名精神分析师的理想。1929年起，他在精神分析学院开始分析师训练；1931年，他出版了他的第一部著作《儿童期障碍临床笔记》。以下为他的理论发展时期：

第一阶段：环境-个体组合（1935—1944）

这一时期，温尼科特除了儿科工作之外，也在从事个人执业的精神分析治疗，与成人和儿童病人工作。他提出了"环境-个体组合"（亲子关系）概念，指出婴儿从生命之初就在经历情绪发展，这一洞见促进了精神分析的进步。

第二阶段：过渡性现象（1945—1959）

过渡性现象这一概念从环境-个体组合理论演变而来，进一步分析解释了想象和精神过渡性概念。此时，温尼科特开始夯实婴儿从统觉步入感知的理论。

第三阶段：客体使用（1960—1971）

温尼科特在其理论发展的第三个阶段，对与原初的良性攻击性相关的自我保护本能之命运做出了最终的解释（Abram，2012a）。

上述温尼科特理论发展时期可以用来为本书中提到的他对精神分析做出的贡献做参照和定位。

唐纳德·温尼科特被引荐给梅兰妮·克莱茵

温尼科特和其第一任分析师詹姆士·斯特拉齐的分析进行到

尾声时，斯特拉齐鼓励温尼科特向梅兰妮·克莱茵学习，把精神分析理论应用于儿童分析之上。从20世纪20年代起，温尼科特就已经在自己的儿科临床工作上实践精神分析理念了。尽管他证实了精神神经症冲突确实可定位于俄狄浦斯情结，但他也发现相较于经典弗洛伊德的俄狄浦斯情结理论所规范的时期（约为四五岁时），问题和麻烦要出现得更早。因此，他虽然一方面重视弗洛伊德理论，但另一方面也和克莱茵一样，认为婴儿从生命之初就可能出现情绪疾病。温尼科特曾写到，当斯特拉齐建议他寻求克莱茵的指导时，那是他生命中一个重要的时刻。他也以此为契机，进入了克莱茵的"学习领域"，从"一个先行者蜕变为一个先行者老师的学生"（Winnicott，1962b，p. 173）。此时，即1934年，距他成为英国精神分析协会认证精神分析师也就一两年光景。之后，温尼科特于1935年成为第一名认证的男性儿童分析师，并就其儿童案例定期由克莱茵进行督导。

温尼科特曾记述他在1929年刚开始分析训练时，并不太了解当时精神分析界的政治生态。那一年，克莱茵已定居伦敦三年，并逐步成为英国精神分析协会中最具影响力的分析师之一。一开始，她的理念得到了协会中大多数本土成员的接纳，但是，正如欣谢尔伍德在第一章中指出的那样，她对于本能理论不同的解读可说是"对精神能量经济学理论的拒斥"（同时包括她修正了俄狄浦斯情结，将其追溯至最早的发展阶段）。对一些弗洛伊德学派成员而言，这意味着她的理念已经威胁到经典弗洛伊德的样板。20世纪30年代中期，曾有一些人做出过努力，试图探讨维也纳和伦敦两地的学术差别，史称"交换讲座系列"。但这些演讲并没有取得实质性的进展。（King & Steiner，1991，pp. 22-24）

当温尼科特被认证为精神分析师时，他并不完全知晓来自维也纳学派的对克莱茵理论建构的批评，而且他可能也不会对此有什么兴趣。让他受到启发的是弗洛伊德发展出的精神分析理论，这帮助他更好地理解人性。他在自己的儿科工作及接受的个人分析中，愈发认识到弗洛伊德理论对于理解儿童"临床障碍"不可或缺的宝贵价值（Winnicott，1931）。大概从1933年起，温尼科特开始让克莱茵就他的儿童个案做督导，他非常欣赏克莱茵临床工作的敏锐性，并提到克莱茵对他的案例和临床材料记得比他本人还要清楚（Winnicott，1962b，p. 173）。

首先，温尼科特感到克莱茵与儿童工作的很多方面让自己个案的既往史细节和精神分析理论"搭上了钩"并"变得更有意义了"。克莱茵的与成人分析相对应的儿童分析方法也让温尼科特感到"接受起来毫无困难"，这恰是因为他也认可这种方法。温尼科特认为克莱茵提供一系列小玩具的方法"非常有价值"并且是"在谈话和绘画基础上的进步"。他写道：

> 梅兰妮·克莱茵特别有办法让内在精神现实展现得实实在在。她认为，儿童的自由游戏即儿童精神现实的一个投射，而儿童的精神现实被儿童定位在自体和身体的内部。
> （Winnicott，1962b，p. 174）

因此，尽管温尼科特在他和儿童与青少年的治疗性咨询中继续使用绘画的方式（即后来广为人知的"涂鸦游戏"），但是当他在分析中治疗儿童时，则会遵照克莱茵的方法和技术"以瞥见儿童的内在世界"。之后，温尼科特关于游戏与解释的想法尽管和克莱茵的理念有出入，但明显是建立在她的概念和技术基石之上的。温尼科特并没有拒斥弗洛伊德的本能理论，但是，如同克莱茵关注早期精神发展，温尼科特也认为从生命一开始，婴儿的心理层面就在发生着一些事情了。此外，他的名言"没有婴儿这回事儿"强调的则是他和克莱茵不同的视角（Winnicott，1952a）。因此可以说，至少从1945年开始，温尼科特便认为母亲（作为环境的母亲和作为客体的母亲）是原初的，而本能是次级的。这一观点改变了弗洛伊德原初自恋这一概念，也挪移了经济学理论的时间线路。温尼科特对原初自恋这个概念的扩展相当于让它成了一个"临床"概念（Roussillon，2010），因为温尼科特展示出，婴儿的自体上有着亲子关系的烙印（见术语表）。换言之，"自体"实际上一方面合并了婴儿的"遗传倾向性"，另一方面则纳入了最早期的客体／环境。而关于自体的这一事实也不可避免地会在移情关系中再次复活并发挥作用。

温尼科特看重克莱茵识别病人心理机制并将其应用于理解成长中的婴儿的能力。和许多分析师一样，他不得不承认在临床工作中识别"对报复的恐惧"和"把客体分裂为好与坏"（偏执-分裂位置）这两个机制的重要意义。但与此同时，他认为，把这些机制定位于婴儿生命最初期是一个错误。在温尼科特看来，"心理深层并不意味着早期"（1962b，p. 177），因此他不认同克莱茵提出"偏执-分裂位置"是所有新生儿都有的心理状态这一观点。

> ……忽视了这样一个事实，那就是在足够好的母性养育下，这两种机制可以变得相对不那么重要，直到自我组织让婴儿有能力使用投射和内摄这样的机制以获得对客体的控制。（Winnicott，1962b，p. 177）

也就是说，婴儿先要"发展出投射的能力"——而这一心理机制标志着"已经有了一定的发展"。

总体而言，温尼科特同意克莱茵对"抑郁位置"这一发展阶段的观察，认为这个概念具有临床用途，也认为克莱茵对精神分析最大的贡献正是辨识出了"抑郁位置"。对此，他评论道："（它）与弗洛伊德的俄狄浦斯情结有着并驾齐驱的地位。"（Winnicott，1962b，p. 176）之后，他修正了这个概念，发展出他个人对这一重要婴儿发展阶段的理解，并将其命名为"担忧阶段"。这个名称侧重强调的是抑郁感受中健康的部分。换句话讲，有能力感受到悲伤展现出了一定的情绪成熟度。而这些概念都发祥于弗洛伊德在《哀悼与忧郁》（1917e）这篇文章中的论述。

到目前为止我们可以看到，温尼科特从理论层面上重视克莱茵对精神分析的贡献，也在与儿童的临床工作中受到克莱茵的启发与慧泽，并敬仰她的临床敏锐性和洞察力。温尼科特总结出了他认同克莱茵的一些方面：

1. 借由玩具的使用，把应用于成人的精神分析技术使用在和儿童的工作中；

2. 儿童参照身体功能来定位幻想；

3. 强调生命初期客体关系中良性攻击性元素（它们并非来自死本能）的重要意义；

4. 发展出一个理论，解释个体如何通过觉知到罪疚感而获得修复能力（抑郁位置）；

5. 对否认所产生的后果的理解（躁狂防御）。

然而，温尼科特也开始逐渐不同意克莱茵的某些理论观点。他们之间的区别可以用两大统领性概念来概括：死本能和环境。这两个概念之间藕断丝连。尽管克莱茵理论中的死本能和弗洛伊德理论中的死本能又有不同，但温尼科特对它们概不认同。温尼科特认为，个体毁灭性的倾向和弗洛伊德所说的自我保护本能及婴儿幸存的需要同根同源。温尼科特也因此认为，自体的发展有赖于婴儿遗传倾向性和环境之间的互动。婴儿所体验到的（无法想象的）焦虑由环境失败所导致，而非由婴儿内在毁灭性倾向所启动。

临床方法

从本章中我们可以看到，温尼科特基本同意克莱茵与儿童工作的方法和技术。温尼科特在和儿童进行分析工作的初期，追随克莱茵的临床方法，随后他慢慢找到了与儿童工作的个人化方式。最能够凸显温尼科特如何与儿童工作的作品便是他在1968年写成、直至他逝世后才在1977年出版的《小猪猪的故事》。

在争议性辩论的余波中，温尼科特想要"安顿下来从事临床工作"以远离辩论带来的张力。他的目标是开辟一片心灵空间，以便找到他认为和病人工作的最好方式。他主要通过临床经验发展出了各种理论建构，其中一些理论发展是对弗洛伊德理论的扩展与延伸。例如，温尼科特创造的游戏理论就根源于弗洛伊德自由联想这一处于精神分析过程中心位置的"基本法则"。相类似的，他的"担忧阶段"概念又是他对克莱茵"抑郁位置"概念的进一步阐述与修正。

至关重要的一点是，无论是克莱茵还是温尼科特，他们的理论总是以临床为导向的。换言之，理论建构必须建立在来自分析设置／情境的精神分析临床证据基础之上。

欣谢尔伍德在第一章中提到了詹姆士·斯特拉齐于1934年写成的论文。对所有英国精神分析师而言，这篇论文举足轻重。甚至可以说，论文中提到的"突变性解释"深刻影响了所有的分析师。来自英国的无数篇临床论文与报告都展示出，直到今天，分析师们依然遵循斯特拉齐的方法论。在第六章中，我将会引用温尼科特一个著名的临床案例来说明他如何在移情框架下工作；而在第五部分，鲍勃和我也会进一步考察克莱茵和温尼科特在相关议题实践及理论上的不同之处。

小　结

在本小结中，我们将会概括克莱茵和温尼科特在基本原则上意见一致及不一致之处。

在第一章中，欣谢尔伍德提出了克莱茵的基本原则：

1.遵照成人分析方法，发明了儿童分析方法；

2.无意识幻想；

3.起源连续性的逻辑；

4.关注焦虑体验，而非精神能量的经济学；

5.玩玩具的游戏是客体关系的重要指示；

6.出生起即有自我边界；

7.无意识的更深层（"精神病"层级）；

8.性器前期层级比性器期层级更重要；

9.从部分客体角度看俄狄浦斯情结；

10. 关于焦虑、防御和客体关系的两个基本心位（偏执–分裂位置和抑郁位置）。

在第二章的结尾，艾布拉姆阐明了温尼科特认同克莱茵的领域：

1. 借助玩具的使用，把应用于成人的精神分析技术使用在和儿童的工作中；

2. 儿童参照身体功能来定位幻想；

3. 强调从生命初期客体关系中良性攻击性元素（它们并非来自死本能）的重要意义；

4. 发展出一个理论，解释个体如何通过觉知到罪疚感而获得修复能力（抑郁位置）；

5. 对否认所产生的后果的理解（躁狂防御）。

表1　克莱茵与温尼科特意见一致和分歧之处

克莱茵	温尼科特
遵照成人分析方法，发明了儿童分析方法	借由玩具的使用，把应用于成人的精神分析技术使用在和儿童的工作中
无意识幻想	儿童参照身体功能来定位幻想
起源连续性的逻辑	遗传倾向性和（精神）环境
关注焦虑体验，而非精神能量的经济学	组建自体过程中，亲子关系是首要的，本能是次级的；新生儿的生命驱力形成了良性攻击性

玩玩具的游戏是客体关系的重要指示	评估中，游戏能力表明儿童具有一定的健康度。玩游戏是一项发展成就
出生起即有自我边界	在客体关系之前，母婴之间存在着一个绝对依赖/融合的时期
无意识的更深层（"精神病"层级）	无意识过程与早期精神发展相关，但实际上默认状态并不是精神病性的，除非母亲有精神病特性
性器前期层级比性器期层级更重要	在婴儿能够识别出第三个人之前，其"我"必须先和"非我"区分开来。因此，俄狄浦斯情结是一项发展成就，它建立在由环境促进的成熟过程之上
关于焦虑、防御和客体关系的两个基本心位（偏执-分裂位置和抑郁位置）	发展出一个理论，解释了个体如何通过觉知到罪疚感以达成担忧的能力。提出对否认造成的后果——躁狂防御的理解
早期对性的研究聚焦于父母和原初情境的影响。俄狄浦斯情结比弗洛伊德所说的时间开始得更早	相较于因对环境依赖而感受到的原初焦虑，俄狄浦斯焦虑只是次级焦虑。弗洛伊德经典俄狄浦斯情结被温尼科特纳入其理论基础中，这一点可见于他的临床工作

　　表1对两人的基本原则进行了对比。从这一对比中可以看到，克莱茵认为自我边界从出生起就已存在，而温尼科特则不这样认为。不过艾布拉姆指出，两人在两个统筹性概念上出现了分歧。这两个概念是：（1）死本能；（2）环境。

　　这两个概念都是克莱茵与温尼科特理论不同点中的主要议

题，我们在之后的章节中会再次回到这些争议上。第二部分将会进一步谈"死本能"，第三部分则会剖析"环境"（以及"自我边界"）的概念。我们也许会发现，两人之间无法达成共识的一个根源便是，对于克莱茵究竟怎么认为，两人有着不同的看法；而对于温尼科特怎么想，两人的理解也不同。换言之，克莱茵不同意温尼科特的地方可能正是温尼科特认为她是怎么想的；并且，温尼科特也很有可能同样不认可克莱茵对他立场的理解。这些分歧将会在全书中回旋震荡。

对　话

　　欣谢尔伍德： 我想首先谈谈你提到的原初自恋。这一点对于澄清克莱茵和温尼科特观点上的异同也许很重要。你说到，温尼科特认为母亲是首要的，而本能并不是。这看起来绝对是关键，我想他们二人都会同意。温尼科特之所以同意是基于他的儿科工作背景，而克莱茵则是基于她儿童分析的背景。他们必定是在这个共同领域中相遇的。你也提到，这就改变了经济学理论的时间线，但这也许需要加入更多细节进行扩充。克莱茵认为，这并不会改变经济学理论——她压根儿不使用这个理论，也不会挪移婴儿最初几个月的发展路径——在她看来，力比多的多数阶段叠加成了一个早期混合体。事实上，根本没有原初自恋——克莱茵并不认为这是一个发展阶段。也正因如此，她可以说从出生起就存在自我。但是温尼科特确实认为从某种程度上存在一个时间线路——一种原初全能感代替了弗洛伊德所说的原初自恋。相反，克莱茵描述了两种状态——她所谓的位置——它们与两种不同的焦虑有关，这两种焦虑大概在婴儿出生几个月之后就开始来回摆荡。

你我所说的原初自恋指的是一种生命初始时期的状态。在这种状态中，婴儿和他者没有区分。事实上，并没有一个自我存在。而克莱茵的观点是，一个独立且分离的客体从一开始就存在（用弗洛伊德的术语说，即客体-关联）。也许克莱茵和温尼科特在这一点上有分歧。你提到温尼科特认为投射和内摄要在有一定自我组织之后才会产生，就此，克莱茵则会说，只要存在一个自我边界——自体与客体有所区分——就已经有足够多的自我组织来进行投射和内摄了。并且因为这些机制从出生起就存在，它们在支持个体与他者、自体与客体分离过程中的意义及影响都十分重大。进一步讲，它们对于定义何为内部、何为外部尤为关键。也就是说，它们对于自体感到自己到底是什么有着强有力的影响。我预计之后我们还会回到这个话题上。

温尼科特投入大量精力思考的一个有趣问题是："婴儿的自我情结是如何逐步与被当作自己一部分的客体解套分离的？"假如克莱茵学派不认为人从出生起就存在自我边界，那么该学派也会需要一个过程，一个类似温尼科特创造性地观察到的过程——在他提出的过程中包含了过渡性客体。当然，克莱茵也认同婴儿和母亲融合在一起这个过程——但和婴儿出于种种原因无法处理分离而导致自体感丧失、自我边界破损相比，融合这件事就显得次要了。

还有一件重要的事，那就是我们现在对于生命之初到底发生了什么的理解全都基于推测。当然我们有从临床中抓取的线索和证据，也有对婴儿的实验心理学研究，例如玛格丽特·马勒（Mahler, Pine & Bergman, 1975）和丹尼尔·斯坦恩（Stern, 1985）的婴儿观察，但总体而言我们对这部分生命过程基本一无所知——甚至它可能本就是不可知的。尽管这个问题已类似中世纪神学，但人们仍对其争论不休。人们若能放弃关于新生儿心理能力这一艰深遥远问题的争执，想必会大有裨益。然而，我们也有很好的理由要去澄清我们两位主人公的想法，这是因为他们各自对早期生命提出的模型深深地影响着他们如何思考病人的无意识、移情展开所体现的本质及临床工作的基本原则。

还需要提及的是，你指出的经济学理论中被改变的时间线及本能理论的缺席。克莱茵对本能这个概念的使用不同于它在生物学、医学及经典精神分析中的用法，因此相较于某些精神分析流派（我认为温尼科特可能并不属于这些流派），她发展出关于人类心灵机械性理论的风险要小一些。此外，在我看来，克莱茵所观察和治疗的儿童的反应及一些儿童所表现出的明显痛苦让她直接采取了一种完全不同于以往的观察和干预的基本立场。她并不从病人应对困难的能量这个角度去考虑病人所言。相反，她从病人在他者世界中如何体验自身来思考问题。例如，她在自传笔记中写道：

> 我还是无法清楚解释到底是什么让我感到我应该去触及焦虑这个问题并以这种方式来对其进行探究，但经验证明我是对的。（Klein, 1959）

　　这是和成人分析不同的方式。这种方法包含了对儿童所体验焦虑的觉知，也许这点对于任何和儿童工作的人而言都是更难回避的问题。进入视野的是儿童的体验，而不是什么心理"结构"（apparatus）。我猜想温尼科特也有同样感受，尽管他有着生物学和医学背景。克莱茵说她并不清楚为何会选择从这种不同的视角去观察儿童，但我想，现在回看过去应该可以找到答案。我认为对她而言，以精神能量的角度去考虑儿童，把他们撕心裂肺的焦虑挤压进能量这个模具根本说不通。我认为直接看到孩子们自身对焦虑的体验诱发了一种母性反应，而任何人都可能产生这样的反应。

　　这种对体验而非能量的关注应该是一项重要基本原则，并且我认为有着人文精神的温尼科特也会同意。我认为，克莱茵所说的触及焦虑体验——当然同时意味着被焦虑所触动——与能量、防御这种机械性方法大相径庭。也许精神分析应尝试找到一种调和、辩证的方法，把这两股分岔势力编成一股（但我也不确定）。不过在我们感兴趣的这个时期，存在着一股进步性运动力量让两种趋势分道扬镳，而我们的两位主人公可以说基本上是同一阵营的。果真如此的话，那么也就意味着他们关于生命最初几个月的辩论是关于婴儿在生命中这几个月的体验的，而基本与能量和结构无关。当然，也许婴儿确实无法真正体验到他们的感受和情感，也确实还没有自体（或自我），但很少有母亲会同意这一点并真的以此为出发点做事。对家人或亲戚朋友而言，小婴儿绝对能体验到事物，无论这种体验是好是坏。

很好的一点是，我们一开始就能厘清两位主人公在出发点上的共同之处和不同之处。我想这应该是第一部分讨论的成果。

艾布拉姆：我同意，能去探索克莱茵和温尼科特在弗洛伊德原初自恋和本能理论上的相异之处是很重要的。你很清楚地说明，克莱茵并未找到本能/驱力理论对自己的用处，这也是为何她的论述从总体而言拒斥了弗洛伊德的这部分理论。而这一点也被维也纳弗洛伊德学派拿来评判克莱茵的"新理论"。因此，如你所言，克莱茵著作中没有经济学理论的位置恰是因为她并不认为这个理论对她有用处。

然而在我看来，如此陈述似乎有些自相矛盾，毕竟她对早期焦虑的建构多着眼于个体内在的死本能，而她也说，正是死本能导致了这些早期焦虑。虽然我认可你指出的一点，即严格而论，克莱茵所指的本能并非生物学意义上的本能，但难道弗洛伊德——本能理论和死本能的革新者——不也是如此吗？他所说的本能不也非简单的生物学意义上的本能吗？

弗洛伊德的本能理论起源于他对人类性欲理论的建构过程。在生命晚期，他写道：

> 本能理论可说是我们的神话。本能是神话般的实体，因其不可确定性而壮观。（Freud，1933a，引自 Laplanche & Pontalis，1973，p. 215）

　　我认为克莱茵和温尼科特都会同意，来自躯体的压力会对人类婴儿的情绪发展造成影响。但我也认为，他们的侧重点不同。在第二部分中讨论他们的新生儿理论和见解时我们会提到更多细节。

　　是否可以说克莱茵对本能理论的拒斥与她对弗洛伊德性心理概念的拒斥紧密相连呢？来自（经典和当代）弗洛伊德学派的常见批评就是，克莱茵也好，温尼科特也好——他们要么将性欲收编到其他概念中，要么就将其从自己的理论中删除。在我看来，如果我们想要识别克莱茵和温尼科特所发展理论的具体差异，并承认他们在理论建构中排挤或否定了一些重要的弗洛伊德概念的话，那么我们就必须讨论这个问题。他们到底是"拒斥"了弗洛伊德性心理的理论，还是"扩展"了它呢？

　　现在，我想谈谈"原初自恋"。温尼科特并没有提过"原初全能感"，但他提过"全能感幻象"。需要强调的是，这种幻象只在母亲能够适应婴儿需要的时候才会出现。正是因为母亲有能力接收并满足宝宝的需要，婴儿才会有自己是神的感觉（Abram，2007a，pp. 200–216）。我认为，温尼科特延展并深入论述了弗洛伊德原初自恋的概念。（来自法国精神分析传统学派的）勒内·鲁西荣（René Roussillon）明确指出，温尼科特强调弗洛伊德"自恋"这个概念是无法以唯我论角度来思考的，因为自恋发展自"原初精神关系这个语境中"（Roussillon，2010，p. 270）。这样，温尼科特就使弗洛伊德的这个概念在临床上具有可用性。鉴于此，母婴之间的"融合"状态特指的是婴儿主观性心理状态。婴儿在生命初始阶段还不能区分"我"和"非我"。与此同时，从观察者角度看，婴儿则完全依赖于母亲／他者对其需要的满足（无论在特定时间点这个需要是什么）。

你也谈到了婴儿和客体之间的"逐步解套分离"，我同意这正是温尼科特所感兴趣并想界定的。我已在第二章中指出了这一点。随着章节发展，我还会做出更深入的讨论。过渡性客体恰是在这个过程中发挥作用并以"客体使用"为巅峰的。我曾著文论述他生命晚期提出的攻击性理论，该文中也提到了他的这一观点（Abram，2012a）。

对于你的一个观点我并不同意。你提到当我们考察婴儿的早期心理状态时具有"推测性"。我感觉克莱茵和温尼科特两人也不会同意这个观点！为什么呢？因为我认为他们二人——在这里他们观点是一致的——都坚信移情的力量。因此，通过分析进程触及婴儿的早期心理状态是有可能的。当温尼科特说"没有婴儿这回事儿"时，他也指出了这和他个人分析的关联，承认在他个人分析的前五年，他无法把婴儿当作一个人来看待。也就是说，只有通过分析，"临床上的婴儿"才能被了解。这也是为何他认为比起像马勒和斯坦恩那样"观察"婴儿，和躺椅上的成年病人工作给予了他更宝贵的"洞察"。这就涉及安德烈·格林（André Gree）和丹尼尔·斯坦恩（Daniel Stern）就"被观察到的"婴儿和"临床"婴儿之间区别的争议了（Sandler，Sandler

& Davies，2000）。这也是为何我倾向于同意格林所言，即在躺椅上，病人能够触碰到其婴儿心理状态，分析师也因此能通过移情–反移情基础中的动力去观察和探索（Green，1991）。

欣谢尔伍德：感谢你的澄清。你的评论中有几点吸引了我的注意。首先，为了稳固我讨论克莱茵理论的角色，我想谈谈"拒斥"弗洛伊德理论这件事。我认为，克莱茵并不认为她有她实际表现的那样偏离弗洛伊德理论。她经常使用"本能"这个词，但词意总和弗洛伊德使用时所含有的生物学含义不太一样。我认为她之所以使用这个词是因为其他人也用。我也认为她使用这个词是因为这个词在当时是个重要术语，它能展示出一个人对弗洛伊德的绝对拥护，以及和与弗洛伊德分道扬镳的阿德勒、斯特科、荣格等人的彻底决裂。我经常想，如果卡尔·亚伯拉罕没有那么早地在1925年12月就离世的话，他的原创性可能就会让他免于被经典学派视为异己者。我觉得作为分析师而言克莱茵那会儿还太年轻，无法体会亚伯拉罕在那个年代所具有的创新性。我的意思就是，克莱茵兴致勃勃地推进她的游戏治疗技术，并没有太关注其所在背景。而这也意味着她就简单地使用了其他人也用的词汇。我认为，这并非有意图的拒斥。我感觉温尼科特也是如此。

对于你谈到的关于温尼科特的另一点，我一直很感兴趣——当他引用弗洛伊德的脚注时（1911b，p. 220 fn.），他其实也发现了一些重要的事情（没有婴儿这回事儿）。它凸显出——但我认为又没有表达得足够明确——多数分析师所忽视的差异，即视角的差异。当温尼科特说没有婴儿这回事儿时，他是从外部视角来看待母婴关系的。与此同时，他在谈论婴儿体验中的全能感，这则是从婴儿视角出发的。我个人以为，最好是能够采用同一个视角。而我也坚信，克莱茵坚定地只从婴儿视角来观察。不过当然，温尼科特也有道理，因为他意思是（不过你不能就这么轻易地区分视角）。体验的本质就是模棱两可的，总会存在"我"和"非我"的悖论、体验全能感和授予客体独立性的悖论。也许在对比讨论这两个学派时，需谨记，在出发视角这个模糊点上是存在着不同视角的。

现在，终于可以说说移情了。你不同意我的怀疑，即究竟是否可以知晓我们所谈及的婴儿早期的真实体验。你认为移情是一扇洞悉过去的透明之窗——通过一小节会谈在关系中所创造出来的感受就是在婴儿期同样关系中所体验到的。这确实是个很重要的结论，而一个人也不得不去质疑如何能够检测这个结论，以及需要什么样的证据。我确实认为这是弗洛伊德所发现并馈赠给精神分析的礼物。而我们也倾向于把它当作精神分析理论和实践中不言自明的真理来对待。我想这也是苏珊·艾萨克（Susan Isaacs）在1948年关于无意识幻想论文中做出的最重要贡献之一。接着继续来谈游戏技术，心理由一个彼此关联并与自体关联的客体／他者的世界所组成。甚至在成人分析中，移情也可以被再解释为两个客体间故事的上演——就像游戏治疗中那样。只不过在成人分析中，用来玩耍的两个"玩具"是分析师和被分析者。

　　然而，这也意味着移情讲述的是当前活跃并在过去引发焦虑的客体间的关系。抑或，我们可以认为，与其说移情是过去的焦虑关系转移到当下，还不如说它是无意识幻想中的焦虑关系转移到当前的设置中。这就构成了一个等式——克莱茵也曾暗示过——无意识的最深处也表征了发展中最早的部分。但是这并不意味着她认同弗洛伊德对移情性重复所持的观点，即它是对过去滴水不漏的复制。无意识的最深层面倾吐出无意识幻想，但这些幻想也被它们浮现过程中所要穿越的中间层面所斡旋，被自婴儿期起经年累月构想并采用的修正性幻想中的防御所调和。

　　弗洛伊德（1895d）认为安娜·O瘫痪的胳膊是对她当初整晚照顾濒死父亲时把胳膊搭在椅背上导致的一过性麻痹的完全再现。无论怎样，它不是对婴儿期的复制。这更类似于艾萨克提供的例子——一个18个月大的孩子因看到妈妈开裂的鞋子如同血盆大口而尖叫；但是又过了9个月，这个孩子就可以用词语而非尖叫来表征她怕被吃掉的恐惧了。我们从最初的恐惧经验中的确可以看到某种起源的连续性，但是这种连续性是在个人发展历程中不断被调整的。我们不记得历史究竟怎样，只记得我们现在对它的建构。尤其是我们还会在偏执-分裂记忆模式和抑郁模式间切换。

　　艾布拉姆：我并不是想说我们在分析移情中所体验到的就是对过去之事的"精确复制"。我想说的是这样一种观点，即在移情关系过程中存在着一种历史进程。我要引用安德烈·格林对这个历史进程的定义。

对精神而言，"历史的"可以被定义为如下元素的组合：

已经发生的

还未发生的

本来可以发生的

发生在别人身上但没有发生在我身上的

本来不可能发生的

最后——总结所有已发生之事的变式——便是一个关于人做梦都想不到的对真实发生之事的表征的陈述。

（Green，in Abram，2016a，pp. 2-3）

这才是我想谈论的移情。在第六章谈温尼科特对他病人的移情性解释时，我还会再次提到这一点。我从《游戏与现实》中摘取的临床案例清晰地展现出温尼科特在分析工作中体验到了一些浮现出的事物，这些事物关乎并属于病人早年时的母亲。这种体验对于从事高频治疗的分析师而言并非不同寻常的体验。

你澄清了对梅兰妮·克莱茵论及的死本能的看法，这一点很重要，但是你避开了我提出的议题，即本能理论发轫于弗洛伊德对性心理的研究。在我看来，这是在克莱茵和温尼科特工作中非常重要但又满是争议的领域。所以，我们有必要涉及这个部分。正如我前面所说的，我认为这是一个关键概念，而许多弗洛伊德学派分析师认为克莱茵和温尼科特，都忽略了这个概念。

欣谢尔伍德：我先快速说一下克莱茵和性理论。从很早起，克莱茵就在很多作品中涉及俄狄浦斯情结早期及它和原初情境的关系——弗洛伊德在1918年的狼人案例中提及了原初情境（当时克莱茵可能正在考虑是否要成为一名精神分析师）。克莱茵在1919年的入会论文中讨论了俄狄浦斯焦虑干扰学习并导致学习抑制的情况。她在1935年论述了抑郁位置，并指出，当幼儿由于感到被父母排除在二人关系外想要伤害父母而出现焦虑时，这个问题必然会值得关注。她对此所做的最后一次论述发生在1945年。

你提到在1946年，她将关注点转移到自我分裂的重要性上，这确实没错。她似乎感到这些精神分裂性机制不仅仅是性器前期的，并且潜伏在神经症水平的压抑和俄狄浦斯情结之下的一个层面。这个层面关乎自我本身的形成，而非俄狄浦斯期和性冲突。需要先有一个自我，或者自体，之后性问题和性满足对于自体而言才具有主导性。我很确信，温尼科特后来在建构真自体和假自体的框架时，必然依循了这一关乎存在的层面。但是，就在克莱茵发表关于分裂机制的论述前（1946年），温尼科特（1945a）描述了自我的未整合状态。你应该还记得，克莱茵在1946年曾就究竟该接受温尼科特的原初未整合状态的概念，还是该认为整合状态的丧失源于自我／自体的次级自我分裂而挣扎过。最终，她接受了后面那种观点。但我想说的是，此时，温尼科特和克莱茵都对自体的存在议题感兴趣，而自体的存在必然优先于俄狄浦斯情结早期及性别区分。

艾布拉姆：在结束第一部分的对话之前，我想补充几句，谈谈温尼科特对"未整合"和性心理的最终论述。

温尼科特使用"未整合"这个术语来描述婴儿和其环境-母亲/他者之间的"融合"状态。未整合处于"存在"（being）的中心位置，也是放松和享受能力的前身，这种能力来自对抱持性环境的体验（Abram，2007a，pp. 59, 67, 70, 93, 162–163, 299, 303, 311, 348；又见本书术语表）。在温尼科特的著作中，"未整合"这个词和他关于健康的概念彼此关联，而后者指的是婴儿早期足够好的环境，亦即，一个母亲能够委身于被温尼科特命名为"原初母性贯注"的状态并逐渐在这种状态中恢复（见第六章）。由此，温尼科特构建出"原初未整合状态"，并从这种状态中发展出"原初整合状态"（1945a, p. 149；又见本书术语表）。相应地，"失整合"暗示了之前已经有一定程度的整合发生。

尽管温尼科特对精神分析的"修正"聚焦于关系，即作为自体（感）根源的亲子关系，但他对俄狄浦斯情结的看法和弗洛伊德并无太大不同。这就是他评述克莱茵理论时所说的"虽早不深"（early is not deep）想要表达的意思（Winnicott, 1967c, pp. 570, 581）。从（我们在他的几本出版物中读到的）他的临床工作中可以清楚看到，他并没有忽视性欲发展和俄狄浦斯期的困难。但是温尼科特认为，个体是否会出现精神疾病的关键在于她／他在生命一开始的绝对依赖时期有没有被抱持。这个焦点就把强调的重心从先天内部焦虑（克莱茵理论）或本能和性心理（弗洛伊德理论）上转移走了。然而，这不意味着温尼科特就在忽视或者想要拒斥上述两个理论（克莱茵理论和弗洛伊德理论）。通过他的临床工作，他逐渐看到对于每个婴儿来说，还有更为根本的关键议题。对这一议题的探索引导温尼科特发展出了与克莱茵和弗洛伊德关于人类本性不同的、有着更细微差别的理论建构。

第二部分
早期精神发展

　　第三章和第四章将会呈现两位理论家各自所描述的不一样的婴儿，也会阐释"内部世界"如何形成。克莱茵关注内部焦虑对婴儿的影响，而温尼科特则注意到婴儿对于环境的绝对依赖要么促进成长，要么阻碍发展。

第三章 克莱茵的宝宝

R.D.欣谢尔伍德

核心概念

·主动自体 ·自我边界 ·双重叙事 ·生本能与死
本能 ·自恋 ·现实原则

涉及言语出现之前婴儿的体验，克莱茵学派支持者们的观点
也存在差异。一些人认为这是个具有实际用途的隐喻，可以用来
思考从出生到成年各阶段所有人际关系的最深层；还有一些人则
提出，可以通过精神分析工作中的起源连续性方法（见Isaacs，
1948）真正了解婴儿的体验。梅兰妮·克莱茵本人可能持第二种
观点，她相信直觉可以触碰到新生儿体验的现实。的确，她可能
会说，无论对于哪个年龄阶段而言，最深层的无意识幻想都是婴
儿作为新生儿曾经有的那些体验。且不说这个假设是否有效，婴
儿所建构的内容（即无意识幻想）对于理论和实践工作确实有着
重要意义。

我们如何了解婴儿？

通过在儿童精神分析工作基础上进行推断，婴儿得以被"知晓"。克莱茵学派分析师伊瑟·比克（Esther Bick）在约翰·鲍尔比（John Bowlby）的鼓励下，也发展出了从婴儿出生起就对其及其母亲／照顾者进行系统性直接观察的方法（Bick，1964）。当然，自古以来母亲们就使用观察法，但在1940年代，比克的方法是作为一种儿童心理治疗师和精神分析师的受训练习被发展出来的。这种观察法也被认为以某种有限的方式提供了一些研究数据。还有就是对婴儿科学考察的实验室方法，例如玛格丽特·马勒、丹尼尔·斯坦恩、科林·阒瓦森（Colin Trevarthen）等的方法。这些研究成果形成了斯坦恩所说的"实验室婴儿"（experimental infant）（Stern，1985），它对应于格林的"临床婴儿"（clinical infant）（Sandler，Sandler，& Davies，2000）。然而，要想真正理解来源于婴儿期的议题和谜团，最主要的方法是临床倾听——对体验意识及无意识表达的倾听。

克莱茵的宝宝被认为是主动活跃（active）的：他有渴求，而这些渴求和他的身体感受紧密相连。这一理解的根源与弗洛伊德无意识幻想理论一脉相承（见第一章），即认为这些感受从一开始就在心理中被表征并采用了叙事（narrative）这种形式。为身体感受的幻想叙事提供了情感和心理意义。而获取这个"意义仓库"是心理的底层活动。从最初开始，叙事就采用了和某个客体建立某种主动关系的形式，而该客体在相互关联中也是主动的。

无意识幻想中的体验叙事

接下来我会尽可能从（克莱茵的）婴儿的视角来进行描述。克莱茵认为还在吃奶的新生儿处在一个她称之为"偏执-分裂"（paranoid-schizoid）的心理位置。下面我就来描绘一下偏执-分裂位置。

似乎从一开始就存在两种基本叙事。一种叙事是"好"的：有一个令人满意的客体（或另一个人）。当婴儿和外部世界（或环境）处在亲密关系中时，显然他一开始并没有能力识别出外部世界中的客体究竟是什么。婴儿或多或少地根据自身内部期待，以积极主动的方式做出回应。当他感到满意时，他也在积极主动地从客体那里"吮吸"满足感，而客体则抱着要去满足他的愿望，慷慨地"给予"这份满足感。婴儿一开始可能不太清楚奶水到底是什么，满足感到底是什么——事实上，他可能会把两件事等同起来——把物质和非物质、身体和情感等同起来。温尼科特对于这一点应该是赞同的。

另外还有一种"坏"的叙事：存在着一个让人不满意的、制造挫败的客体。也许在这里克莱茵和温尼科特的观点就出现分歧了。在克莱茵看来，令人不满的客体平衡地对应着令人满意的客体。这里的叙事内容是，婴儿要保护自己，因为有一个客体、一个人，怀揣着伤害、侵害甚至"杀戮"——无论这对婴儿究竟意味着什么——的意图制造着挫败，这导致了婴儿产生内在的危难感受。这种感受从身体层面被体验着（例如，因饥饿而产生的肚子疼），而且，身边还有那么一个邪恶的客体——它就是痛苦的来源，它的目的就是要制造危难。

克莱茵认为，这两种平衡对称的内在客体关系形式能较好地和弗洛伊德的生本能与死本能概念吻合：爱和赐予生命的身体渴求，抑或震恐及相应的因自我保护而产生的盲目暴怒，都对抗着为摧毁而摧毁的破坏者。这种双重叙事——令人满意的和令人不满的——也许都能被温尼科特和克莱茵所接受。但是我想，温尼科特可能不会认为二者背后的原因是平衡对称的。温尼科特想必不会认为挫败的叙事来自个体内部，但克莱茵恰持此观点。温尼科特认为不存在死本能，而这必然导致他抗拒任何关于"震恐和狂怒是先天就有的"的观点。

关联的婴儿

因此克莱茵认为，婴儿从出生起就有着和"他者"在一段关系中的体验。此外，与弗洛伊德的描述不同，这个客体（在婴儿看来）针对婴儿有自己的意图——无论是好的还是坏的。事实上，这些无意识幻想的元素还是极为原始和初级的。但是，婴儿能识别出有一个客体的存在，这也意味着从一开始婴儿就体验到自己有一个边界，以及除自己以外还存在着一个外部空间。因此从这个视角看，自我边界从出生起就存在。

因为有自我边界（或皮肤）的体验，早期自我的经验就具备另一个特征：客体也许位于所谓的边界外部，或者相对应地，位于边界内部。例如，肚子里的饥饿感把客体定位在内部。我们可能会说在腹部，但婴儿未必有能力做到如此精确，他最多只能识别出它在自己的边界内。接着当婴儿将奶水吮吸进体内时，好客体、令人满意的客体的叙事便得以被精细加工。在此叙事中，身体感觉变成把客体纳入内部的过程，用精神分析术语讲，就是内摄的无意识幻想和机制。

自我不仅拥有定位客体的功能，也有一种主动的能力（至少在幻想中是这样），即让客体在边界内外转移、将其纳入或排出自体／自我的能力。这种主动的运输系统不仅是悠闲的想象，还是主动的、因受刺激而兴奋的幻想。婴儿因生理构造体验到身体感受，并在这些感受的刺激下进一步产生了幻想。处于积极回应状态的婴儿的的确确在从好客体那里汲取奶水；与此同时，他从肛门和尿道排除出一些东西（通常会和进食同时发生，即所谓的新生儿胃结肠反射）。当然，也许有人会说，这些反射活动——如吮吸反射、胃结肠反射——都是身体神经系统的自动功能，不需要心理活动的参与就能发生。也许的确如此，这些反射活动都是身体固有的功能，就如同膝跳反射那样。但问题在于是否真的存在一个自我或自体，它能够觉知到这些积极主动的过程（进食和排泄）并赋予它们意义。克莱茵应该会说，这样的自我从出生起就存在了。

主动的婴儿

克莱茵强调，婴儿从诞生起就在积极主动地创造着关于自体和他者的体验，他也从母性养育、照顾、拥抱、抚摸、喂食等过程中得到了塑造和支持。婴儿在这种情境下是一个积极主动的能动者，其活动主要为内摄一个所谓的"好"客体的过程，这开启了自体"好"的感受。

这种观点和认为"客体为积极能动者，而自我处于被动状态"的观点截然不同。后者认为婴儿由于他者照护才能从体验层面真正存在。人们今天不再过多进行这类晦涩、学究气的辩论，因为精神分析中所关照的现实宝宝——当然也包括在儿童精神分析或心理治疗中——是一种发生在更后期的体验。因此通常的情况是，婴儿自己也部分参与构建了自己体验到的世界，无论这种参与是多么原始。

***

克莱茵关于婴儿有如下观点：

1. 两种基本叙事："好"客体叙事和"坏"客体叙事；

2.好客体与坏客体不仅对立且存在对称性;

3.婴儿从出生起就与他者有客体关系;

4.客体可位于内部或外部,并能被跨越边界地传送;

5.婴儿以幻想方式部分地构建了客体。

第四章　温尼科特的宝宝

简·艾布拉姆

核心概念

·原始情绪发展　·反移情中的恨　·严重侵入　·关联模式　·人格的基本分裂　·未整合状态　·顺从

温尼科特在其早期著作中就明确指出，存在着两类宝宝：一类宝宝因为有足够好的抱持性环境，有机会享受愉悦和未整合状态，而另一类宝宝因环境的严重侵入而承受痛苦，为了自我保护，将退缩当作唯一的手段。在更进一步审视两种类型的宝宝前，让我们先来看看温尼科特发展其观点和概念时所处的学术环境。

温尼科特在1933年结束了与詹姆士·斯特拉齐的精神分析治疗，与此同时，他被精神分析协会认证为成人精神分析师。过了一段时间，（大约在1937年）他又开始接受琼安·里维拉（Joan Riviere）的分析。里维拉是克莱茵学派的训练分析师之一，也是一位很有威望的思想者。温尼科特记录说，他决定终止和里维拉的分析（当时是1942年，精神分析争议性辩论正如火如荼地进行着）是因为他发现里维拉完全反对他要对环境进行的想法，因为精神分析"并不关乎现实世界"（Riviere，1927，p.87）。这指的正是安娜·弗洛伊德和梅兰妮·克莱茵及其拥护者在1920—1930年代所争论的领域。第二章已经提及，相较于安娜·弗洛伊德的理念，温尼科特在儿童分析实践的问题上更认同梅兰妮·克莱茵的观点。

　　"争议性辩论"是从马乔里·布莱尔里（Marjorie Brierley）开始的，导火索是她于1942年写给梅兰妮·克莱茵的所谓"休战书"（King & Steiner，1991，pp. 122–123）。当时，梅兰妮·克莱茵正在挑选同僚备战这些科学讨论，因为其成败无论对于她本人还是对于精神分析在伦敦未来的发展都具有重要意义。早先，克莱茵任命温尼科特为克莱茵学派的训练分析师。一开始，温尼科特的确忠于克莱茵的事业，并"尽职尽责"地参加所有的会议。但克莱茵很快"……开始对他不满意，因为他没有第一时间上交他的文章以供她或其团队审核"（King & Steiner，1991，pp. xxiii–xxxiv）。因此，到了1944年，温尼科特已不再被（克莱茵女士和她的追随者）认为是属于克莱茵学派的了，我们从他的书信中也可清楚地看到他感到被克莱茵"丢下了"。"争议性辩论"最终在1945年结束，结束的标志便是安娜·弗洛伊德和梅兰妮·克莱茵之间的"君子协议"。1944年，希尔维亚·佩恩

（Sylvia Payne）成为英国精神分析协会主席，她也参与制订了"君子协议"（King & Steiner，1991）。最终，训练被划分为A组（梅兰妮·克莱茵）和B组（安娜·弗洛伊德）。这一"协议"承认了两个团体之间存在着重要的科学分歧。

尽管争议性辩论最终以"协议"告终，但这些辩论使得英国精神分析协会中的大多数成员，包括梅兰妮·克莱茵及其追随者在内，多多少少感到混乱，甚至受到了创伤。其影响力之大颇似当时第二次世界大战结束后的余波。就在这种岌岌可危、摇摇欲坠的科学氛围中，温尼科特在1945年秋天于一次科学会议上朗读了他的论文《原始情绪发展》。这篇文章是温尼科特首篇标志性论文。在文章中，他勾勒出他对于早期精神发展的特定观点。这篇文章也可以被当作一篇立场宣言来阅读，因为他表示他将要"投身于"临床工作，通过精神分析实践来检验他提出的那些他真真切切感受到的理论和实践方法（见第一部分对话）。这一立场的潜台词便是，他不再会追随任何学派——弗洛伊德学派也好，克莱茵学派也好——而是发展自己的观点和理念，无论它们是否符合时代主流。继马乔里·布莱尔里之后，温尼科特也将这一方法当作"本该如此"的科学方法。

在撰写1945年的这篇论文时，温尼科特已经提出了"没有婴儿这回事儿"的观点。在第二章中，我指出1935—1944年可算是温尼科特理论成就的第一阶段，这主要基于如下两个重要发现：

1. 婴儿是一个人；（Winnicott，1967c，p. 574）

2. 没有婴儿这回事儿。（Winnicot，1952a，p. 99；又见Abram，2008，p. 1195）

尽管这些发现是个人化的，但我的观点是它们让温尼科特进一步发展出了"环境–个体组合"理论（见第六章），而正是这一（关于亲子关系的）理论将他区别于克莱茵学派。同时该理论也让他不同于安娜·弗洛伊德学派，后者之后一直认为温尼科特从本质上而言属于克莱茵学派。当然不可否认的是，当时纽约弗洛伊德学派分析师中有几位颇为重要的人物也致力于研究早期精神发展过程中亲子关系的重要意义（Thompson，2012）。

温尼科特使用的术语"环境"指的是我所说的"精神"环境。"精神"一词强调了母亲对宝宝情感态度和感受的重要意义。从这个意义上讲，这一概念并不尝试描述行为或意识和认知领域，而是专门用来强调弗洛伊德观察到的初级过程及无意识对接无意识的关联方式。

现在让我们来看看温尼科特最终是如何对环境分类的，因为这清晰地展现出温尼科特理论基础中的两类宝宝。1952年，温尼科特写了《精神病与儿童照护》（1952b）一文。在这篇文章中，他详述了环境–个体组合的概念，并通过图示描述了两种不同的早期客体关联模式，以及相应的两类温尼科特宝宝：曾经被抱持的宝宝和未被抱持的宝宝（pp. 223–224）。当抱持性环境足够好时，新生儿就会得到促进和发展。但是如果处于一个不够好的环境中，婴儿就会退缩。这一环境失败的结果就是"人格的基本分裂"，它会导致各种精神病理现象。

温尼科特认为，健康的关联模式只会在足够好的环境中出现。早期环境失败（即使父母可能是很好的人）最终要为每个个体的精神健康损害负全责。虽然温尼科特通过接受弗洛伊德在1920年前的本能理论而对婴儿的"遗传倾向性"有所考虑，但他也从未改变过他对于这两类宝宝的观点。

因此，从1945年起，在温尼科特的所有概念中，"自体"总是包含了母亲／他者的印记。精神环境无法从发展中的自体剥离（Abram，2007a，pp. 295–315）。亲子关系是自体发展最早期的重要组成部分，而在本书第四部分中我们也会看到，足够好的母亲必须能够整合她对婴儿的恨。换言之，她不会使用分裂或压抑这样的防御来"否认"她的真实感受，而是，例如，承认她恨的感受。温尼科特提示，也许母亲的恨意被一些暗含对婴儿攻击的儿歌所升华，譬如《宝宝乖乖睡》[①]。1947年，温尼科特写了《反移情中的恨》一文，并列出了一个母亲从一开始就恨宝宝的十八条理由——即使这个宝宝是个男孩（Winnicott，1949）。他说"即使宝宝是个男孩"，实则是在回应弗洛伊德，因为弗洛伊

---

① 《宝宝乖乖睡》（*Rock-a-Bye Baby*）是英语国家哄宝宝入睡的儿歌，歌词大意是："宝宝摇啊摇，放到树顶上，风儿吹吹，摇篮摇摇。树枝断，摇篮坠，宝宝跟着摇篮一起掉下来。"

德认为母亲对于自己的男宝宝只会有爱！

　　这里就显示出温尼科特和梅兰妮·克莱茵在理论上的重要不同。对温尼科特而言，恨是一项发展成就，而不是出自死本能的内在表现。这一点也许表述得过于直白，但是在对话中读者将会看到，欣谢尔伍德认为这只不过显示了人们对于克莱茵死本能理论的误解。无论如何，温尼科特强调了恨是一项需要达成的能力。这一成就意味着恨已经被整合进自我发展中，而不是被否认掉。

小　结

　　第二部分小结力争以最清晰的方式来展现克莱茵和温尼科特在早期发展上的不同观点。两位理论家在不同维度上可能部分或全部地同意或是不同意对方的观点。两人有着明确的共同立场，即他们的兴趣点都聚焦于客体关系而非精神能量，他们关注的都是自我／自体形成过程的早期，而非自我在更晚阶段所必须面对的冲突问题（例如俄狄浦斯情结）。两人（偶有例外情况）都强调体验（experience）而非客观性描述。大体而言——尽管不总是如此——他们都注重儿童体验和早期发展的时间接近性。

　　表2列出了读者在阅读全书中需注意的两位理论家的重要不同观点。

表2　克莱茵和温尼科特在早期发展理论上的不同观点

维度	克莱茵		温尼科特	
		评注		评注
体验与观察	婴儿的体验	克莱茵总是聚焦于婴儿而非观察性概念	在建构婴儿主观体验时，既从主体视角探讨，也从观察者视角探讨	温尼科特认为一开始存在着一个早期原始的自我，它不同于"自体"（见后面艾布拉姆对欣谢尔伍德的回应）。温尼科特认为"自体"通过促进性环境得以发展，（如果一切足够顺利）婴儿大约在3个月时开始区分"我"和"非我"
自我边界	自出生起就存在固有边界	身体的皮肤感受可能是区分自体和他者的根源	当婴儿需要被成功适应、感到被理解时，婴儿能体验到全能感幻象。如缺乏这一过程，婴儿则必须过早发展智力理解，也就无法发现外在性——它被婴儿体验为危险且具有侵入性	生命最初是天然的与客体融合的体验，因为此时婴儿还没有能力感知并区分母亲/他者。由于母亲/他者对婴儿需要的适应，婴儿有了"统感"，之后再慢慢从统感过渡到感知［见《儿童发展中母亲与家庭的镜映角色》（1967b）和《客体使用和通过认同关联》（1971d）］

续表

维度	克莱茵	评注	温尼科特	评注
分离	自体	婴儿从出生起便体验到了与他者的分离	只有在足够好的环境中（即母亲处于原初母性贯注中），"我"和"非我"的分离才会逐渐发生。大约3～4个月时，这样的宝宝到达了"单元体状态"	过早分离会导致原始极端痛苦和无法想象的焦虑
挫败	整合的结果：对被需要客体的愤怒	挫败体验的原因不是遇到坏客体，而是被好客体忽视	只有在自体感建立之后，即形成"单元体状态"后，挫败才能被体验到	过多挫败会导致"连续存在"的中断和过早幻灭
暴怒	对"坏"感受的原初反应	对"坏"客体关系叙事的表达（偏执－分裂位置）	在有缺陷的、制造创伤和阻碍发展的环境中出现的原始暴怒	一旦自体形成，愤怒就是一项发展成就
无意识深度	处于更深层级，关乎自体/自我的形成	在经典精神分析冲突能被体验和解决前，自我必须先具有功能	自体形成有赖于全能感幻象；"早"不等于"深"	婴儿由于客体幸存而体验到整合并发展出自体感（见术语表）

续表

维度	克莱茵	评注	温尼科特	评注
外部客体（精神环境）	自出生起就被体验为好的或是坏的	外部客体的性质取决于身体感受（即对内部状态的感知）	由于最早阶段"我"和"非我"的融合，婴儿无法区分外部和内部	婴儿对于环境和客体母亲绝对依赖的状态是一个事实
本能理论	本能不是能量概念	本能天然地来自对客体的关系体验（即无意识幻想）	除了死本能概念，弗洛伊德本能理论被大体上接受	生本能（生物驱力）由具有功能的自我所引导和控制，这源于已被内化的"客体幸存"。因此，在真正的自体发展中，本能的地位次于关系

对　话

欣谢尔伍德： 在第二部分对话中，让我们先开门见山地谈谈最重要的争议点——"死本能"。我同意，当想到我们可爱的小宝贝们心里蒸腾着谋杀的念头时，所有人都多少会感到不适。你提到，恨是一项"发展成就"——但可能并非总是如此。我们能说第一次世界大战是一项发展成就吗？在战争中死去的上百万人并没有从中获得什么发展。所以说，你的结论也许需要被限定一下。我希望你能同意这一点。粗糙地讲，确实有那种"打碎鸡蛋做蛋饼"式的摧毁，这类破坏造成的结果具有长效性和创造性，但并非所有的恨都是如此。

此外，你也表达出，在"从罪疚感和担忧中生发出的修复"这个观点上，温尼科特是同意克莱茵的——尽管温尼科特并不喜欢抑郁位置这个说法。然而，这里隐藏的问题是：是什么引发了担忧和修复的渴望？克莱茵对此是有答案的，但是我不知道温尼科特会怎么回答这个问题。克莱茵的回答应该是，罪疚感来自一种还不配被称为成就的恨，这种恨仅仅（或在很大程度上）具有摧毁性。

　　我认为这种具有摧毁性的恨是我们必须讨论的要点。你似乎说过，温尼科特认为并不存在摧毁性的恨，但我觉得你应该不会这么说，所以我希望你能够解释一下。如果恨是需要获得的一种状态，那么这个成就在出现之前的状态是什么呢？会不会是原初融合状态，也就是温尼科特所说的全能感幻象呢？

　　但现在，我想来阐述一下我认为克莱茵会如何解释摧毁性的恨怎样发展得更受控制并能促成修复和创造性摧毁。必须坦言，我认为排除生物学起源是错误的，但这是因为我个人拒绝那些对心理事件的非物质的精神性理解。所以我的描述也许并不能令那些更倾向于简单化的精神性理解的读者满意。

　　我确实认为——当然还是要强调一下我关于精神性理解的看法——我们可爱的小小后代们从生理层面就装载了喊叫和暴力地恨的能力，这种暴力性在一开始完全淹没了婴儿。也就是说从最早——也许从出生那一刻起，婴儿就发现自己能绝望地"大吵大闹"①。在我看来，如此早就存在的这种心理状态指向的是生物学根源。我坚信那种无法慰藉的心理状态是天生的，它还会占据整个身体，造成身体的紧张状态，引发流泪，以及让婴儿从躯体上抗拒接近。这样的状态会一下子激发出我们所有人内心的母性部分。但这就是成就吗？还是说，温尼科特的"恨"指的并不是我这里所描述的这种充满了愤怒和毁灭性的心理状态呢？我相信

---

　　① 原文是"scream blue murder"，含义是"因痛苦、恐惧或愤怒而大声喊叫"。该短语源自法语感叹词"morbleu"。——译者注

大多数母亲都会同意我的观点，即恨是从一开始就有的。

当然，我们也可以说这是怀胎过程中，大脑神经元相互连接的最终结果。但我愿意假设，还会有一些神经元，无论它们到底是什么，会携带着基本模式到大脑中负责"体验性心理状态"（felt state of mind）的区域。我必须承认我这里做的假设已经超出了我的知识范围，但我认为绝大多数人（甚至绝大多数读者）都会倾向于做出同样的假设。关键是，它的来源完全是生物性的，但与此同时，以某种方式被感知为完全是体验性的。

我认为，就人怎么从（由生物性因素所激发的）原始心理状态、从无助地摧毁发展到因内疚而修复的过程而言，存在着的共识比你所许可的更多。这个过程究竟怎么展开也许存在争议，但大脑生物性是该过程的来源则不是争议点。

克莱茵的理解中还包含着一个更进一步的假设。她假定早期心理状态的形成基础包含一种原始的邪恶叙事。无论是什么条件引发了婴儿的绝望，它都是由某个蓄意让婴儿承受绝望的邪恶客体所导致的。

挫败

现在再来看看温尼科特所描述的发展过程。他可能会说，导致绝望的是某种需求受挫，而非被邪恶客体激发的愿望。这样一来，他的确会将"挫败"定位于某条发展线路靠后面的阶段。的确，克莱茵可能也会愿意给予"挫败"类似的角色并将这种体验放置在稍微靠后的阶段。对克莱茵而言，"挫败"已经是一种相当复杂而高端的体验了。感受到挫败的状态包含了一定的"成就"。在这里，我们再次面临混淆视角的危险。

从观察者角度来看，我们可能会说"挫败"这个术语是指针对某个人的愤怒——这个人被识别为某种好处的给予者，例如，用乳房提供乳汁的母亲，但乳房不会被视为纯粹邪恶的。克莱茵会同意，这是把乳房视为一个邪恶客体（克莱茵术语中的"坏乳房"）之后的一步。"即使对这个能够给予的客体感到愤怒，但仍能视其为好的、愿意给予的"是一项发展出来的能力——克莱茵也会做如是描述（Klein，1957）。温尼科特所说的成就与之不同，而我们需要对此有所介绍——但我猜想这个成就在于将他人视为分开的、独立的。不过简，我的猜想还需验证。

发展历程中的第三步

我已经描述了克莱茵所说的两步。第一步是这样一种心理状态，即认为所有满足的缺失都是由他人邪恶意图所导致的，这种心理状态被命名为"偏执-分裂位置"。第二步就是维持这样一种感觉——即使现在因为客体不能提供即刻满足而对它非常愤怒，仍然觉得它是值得感恩的。这是发展的又一阶段，被

称为"抑郁位置"。正如奥斯卡·王尔德在《雷丁监狱之歌》
（1898）中所写——

> 然而每个人都将其所爱之物杀死，
>
> 那就听听每个人的方式：
>
> 有人使用苦涩目光，
>
> 有人使用甜言蜜语，
>
> 怯懦者以吻封喉，
>
> 勇敢者拔剑断命。

第二个步骤中充满苦痛，弥漫着所谓的"抑郁性焦虑"，其来源正是因攻击了自己仍然爱着的人而感到的痛苦。在克莱茵的思想框架中，它出自罪疚感。它的特征是感到自己是邪恶的，就像在前面的步骤中感到客体是邪恶的那样。

然而，还存在着另一个发展成就，即在第二步及因挫败而愤恨的基础上的发展。在第二步中，心理状态因受罪疚感迫害而备受煎熬，就像在偏执-分裂位置中受邪恶客体迫害那样。事实上，就如弗洛伊德所言，邪恶客体变成了一个迫害性的内部客体，这是被恨但又被爱的父母的产物。来自这样一个超我的罪疚感要求惩罚，要求以牙还牙、以眼还眼。而现在，在进一步的发展，即第三步中，罪疚感发生了变化，出现了新的发展成就。

罪疚感不再是残暴、惩罚、摧毁自我的超我的产物，而是要求纠正错误、修复客体、进行弥补的超我的结果。这就是"修复"，其中包含了潜在的创造力火花，而不再有从本质而言摧毁性的惩罚。一个人的超我可能位于这两极之间的任意一点上；也可能在不同时间朝某一极移动。有能力以某种创造性方式进行修复（并远离纯粹的惩罚）是克莱茵所认为的最重要的发展成就。

总而言之，在克莱茵的观点中，愤怒是早期发展中推动发展的力量，而温尼科特的看法似乎明显与之不同，他认为恨代表某个发展路线的结束。所以也许我现在应该停一下了。简，希望你能补充一下温尼科特对恨这一成就的生物性来源的态度，以及它的发展步骤。

艾布拉姆：鲍勃，谢谢你清晰的解释，这对于对照克莱茵和温尼科特在早期精神现象上的不同观点非常有帮助。

让我先来就话题出现的先后次序来谈谈你提出的要点。

一、 我并不认为新生儿——如果引用你的话——是"心里蒸腾着谋杀的念头"的。我之所以这样认为是因为这个看法确实让我感到不适！

二、 在我的观点中，导致战争的是（克莱茵语言中的）被解离的（split-off）恨和（弗洛伊德语言中的）被拒斥的（disavowed）恨。我相信温尼科特会说它来自早期环境失败——也就是说，一个客体在早期发展阶段没有幸存下来。

　　三、"打碎鸡蛋做蛋饼"很好地比喻了温尼科特所描述的善意的早期攻击性／摧毁性。这种攻击性由生物驱力驱使，但（还）不是恨。

　　四、温尼科特明确阐述，婴儿需要发展出能够感到担忧的能力。因此，在温尼科特的语言中，"担忧阶段"与克莱茵所说的"抑郁位置"非常相似。而对你的问题，"是什么引发了担忧和修复的渴望？"温尼科特的回答应该会相当简单，即"通过体验到一个幸存下来的促进性客体，婴儿在内心中把环境母亲和客体母亲合二为一"。我知道这句话还需要进一步拆解，所以在后面我会再来解释（见术语表）。我同意，讨论摧毁性的恨也是非常重要的。但我必须先清楚地讲明，温尼科特并没有说不存在摧毁性的恨。

　　五、关于你的另一个问题，"这个成就出现之前的状态是原初融合状态，也就是温尼科特所说的全能感幻象吗？"——答案是"是的"。

　　现在让我来进一步解释前面的要点。

　　在温尼科特看来，新生儿还不处于一个能够去恨的位置，这仅仅是因为他还未发展出恨的"能力"。这一点与温尼科特不同意死本能的概念有关。婴儿生下来就有要活下来、要幸存下来的内驱力。在初始阶段，精神和躯体——"我"和"非我"——都还没有区分开来。这样，从婴儿的角度看，母亲就是"我"。母亲的角色是去"镜映"婴儿的情感状态，"适应"婴儿的需要。这就包括做出有质量的情感反射，以及照顾人类正常的生理需要和情感需要。母亲的原初母性贯注状态帮助她"促进"婴儿以这样的方式发展。母亲也好，婴儿也好，他们通过彼此沟通，积极地参与到合作中来。

恨之所以是一项发展成就，是因为"要想能够体验恨，就先要有一个自体的存在"。而温尼科特认为，人在生命最初还没有自体。这里，自体指的就是温尼科特所说的"单元体状态"，即当婴儿达到一定发展阶段时，他可以区分"我"和"非我"了。人在大概3～4个月时可以到达单元体状态，但前提是母亲在早期必须提供促进性的"管理"。因此，所谓的"成就"完全建立在亲子关系之上——如果没有这种关系，发展很可能是断裂的，并会导致病理性假自体出现。

恨和爱是一个硬币的两面。一个新生儿也还没有能力去爱。因此温尼科特指出，爱和恨的能力说明一个人已经获得了"两价性矛盾情感"这一成就。

婴儿有着各种各样的感觉，而我也同意，生物性因素在这个过程中起着重要作用，对身体提出诸多生理要求——这些要求之后慢慢演变成了情绪。在这个过程中，母亲作为协调者和促进者的功能是至关重要的。而这也是在任何一个分析中都将被复活的移情部分。

顺便提一句，温尼科特对于婴儿对母亲做了什么，以及婴儿如何"折腾"母亲并没有表现出丝毫回避或多愁善感。事实上，他在关于恨的论文（1949）中指出，足够好的母亲从一开始就有十八条理由恨自己的宝宝！但他所描述的恨，是爱的另一面。换言之，这是被成熟个体整合的恨，因为成熟的母亲能够识别出自己的矛盾感受，但是当出现婴儿在进食后死活不睡觉的烦人情况时，她能够忍受婴儿这种无休止的对她的时间、情感和身体的消耗（即幸存）。

在我看来，克莱茵（以及你，鲍勃）似乎认为婴儿在出生时已经感到杀气腾腾、恨意盎然了。但温尼科特认为，就情感而言，婴儿还不知道自己体验到的是什么，因为此时婴儿还没有发展出知道自己感受的能力。此时的婴儿只是一个躺在襁褓中的感觉集合。而我们也从一些受过高等教育的病人那里得知，有些人对于自己的感受一无所知，他们需要分析师帮助他们表达那些压抑和／或解离的痛苦情绪。在温尼科特的理论中，这总是和父母的养育缺陷有关，它从一开始就存在并建立在"关联模式"的基础上。

欣谢尔伍德：好——我感觉我们的讨论似乎有些头绪了。也就是说，我们也许可以展示出两位理论家的不同之处及两人立场背后的原因，以便读者自行对他们的论证做出判断。

我认为你说人类婴儿，任何一个婴儿，生下来就有着要幸存下来的生物本能，这一点肯定是对的。但目前我们还没有找到明确答案的问题是，这究竟是仅仅出于一种机械过程——即当血糖降低时就需要进食，还是出于某种原始的饥饿体验及对自身幸存的恐惧。你提到精神和躯体此时处于未分化状态，我也同意这一点。但问题在于，我们要从哪个方面来看这件事——毕竟我们是能够区分精神和躯体的。我想指出的便是，克莱茵并不是一位生物学家，而她的方法是去考察人的体验。这一方法和弗洛伊德考察本能的生物性完全不同，也和诸多以能量理论为基础的精神分析理论大相径庭。

我相信在这里我们的观点是一致的。那么你可能会问，克莱茵究竟为何又要谈及本能呢？也许确实是因为她真的并不太理解"本能"从生物学角度来看有何意义。你可能还记得，我在第一部分对话中提到了克莱茵的一段反思，"我还是无法清楚解释到底是什么让我感到我应该去触及焦虑这个问题……"这段话写于1959年，克莱茵逝世前一年。那时，她仍然无法真正弄清楚究竟是什么让她做了这个决定。所以我也会倾向于认为，她之所以使用"本能"一词，或多或少是因为其他人也在使用这个术语。此外，她当时刚刚开始职业生涯，因此要避免过度彰显其观点，毕竟当时精神分析运动正在批判阿尔弗雷德·阿德勒、卡尔·荣格和奥托·兰克（Otto Rank）的学术异端。她努力不让自己被贴上离经叛道者的标签。所以可以想象，1926年，当安娜·弗洛伊德就克莱茵对俄狄浦斯情结及超我做出的微小修正提出批评时，后者有多么震惊。因此我认为，我们必须非常小心，不能轻易假设克莱茵使用的"本能"和弗洛伊德使用的"本能"是一回事。

这就是为什么我之前在说我们可能会就克莱茵所说的"死本能"陷入争论时会担心。但也许我们的确应该再多讨论一些。对克莱茵而言，"本能"并非一个生物学能量概念，它更接近你前面提到的惧怕死亡的生物天性。接着她便开始关注在生命最初，婴儿可能会如何在心灵中进行构想。而她在小至三岁儿童所进行的出自幻想的游戏中发现，孩子们认为存在着某种存心希望他们死掉的邪恶力量。从腹部接受感觉信息的生物学能力现在被赋予了"原始"含义。而从生物学角度看，其中可能包含两层信息，一是"这种感觉让我不舒服，也许它特别糟糕"；二是"有什么事物想让我有这些感觉，并引发了这些感觉"。

当然，婴儿也有可能并不以这种类型的原始叙事进行思考。我也在很大程度上能接受温尼科特并没有追随这条原始思考的线索这一说法。正如你所说，他特别强调，婴儿还没有能力感知到存在着一个客体，一个可以对婴儿做些什么的客体。感知到客体的能力需要在和全能感幻象——婴儿自己全能地满足了自己——的角力中实现。经过充分的考虑，我猜那个全能的宝宝并不享受他创造的自身挫败的幻象。一个极端情况是，当挫败过度时，温尼科特认为婴儿干脆就失去了自身的存在感——我记得他所说的是连续存在感被打断。但是我不确定温尼科特如何解释婴儿对正常（相对于极端）挫败的体验。

另一种可能性是，也许婴儿并没有体验——很多经典精神分析师都倾向于这样认为。婴儿只能从外部被观察，只能从对母-婴的客观描述来被观察。我们的问题再次回到了视角一致性上，即婴儿从什么时候开始有了主观性体验？在婴儿发展出体验能力这一时刻的前后，我们应从哪个视角去描述婴儿？

温尼科特有没有提到"我"（或者"非我"）在什么时候，以何种方式开始出现。它们必然会在某个时刻出现，这样个体才能体验到"我"和"非我"客体之间的悖论。那么，这个能力是在什么时刻获得的，又是以怎样的方式获得的呢？很多独立学派的分析师会说，这一能力来自正常的挫败。

我主要想说的就是，克莱茵提出挫败被（婴儿）原始性地以威胁生存的偏执叙事来解读；而温尼科特绕了一个很大的圈子去解释（婴儿）为何看不见他需要去攻击的威胁。

我想顺便说一下，克莱茵一致地从婴儿视角观察婴儿（或至少她努力这么做，并以三岁儿童的材料为依据），而温尼科特则从外部来观察——例如母婴系统（我说的对吗？）。也许在这一点上温尼科特更为现实，因为我们并不能确切地知道婴儿的视角究竟是什么。

最后，如果有人能从温尼科特的视角来说一说他们所认为的克莱茵所说的"本能"究竟是什么，也许会有助于澄清一些问题，因为显然这一理解和我对克莱茵如何看待"本能"的理解不同。但是我们可能需要警惕我们如何借用对方的术语。我猜在第三部分讨论"外部客体"这个术语时，类似的情况也会出现。也许对于读者更有帮助的是罗列出那些最容易混淆和产生误解的术语在不同理论之下的差别（我们在附录中也的确尝试对学派间的误解进行了梳理）。

艾布拉姆：鲍勃，现在让我来尝试回应你的论点。

先来说说克莱茵和"本能理论"。在我看来，克莱茵在1930年代的作品具有争议是因为她正在发展其客体关系理论，而后者中并没有经典弗洛伊德本能理论的位置。这就是梅兰妮·克莱茵和安娜·弗洛伊德的主要分歧之一。马乔里·布莱尔里、希尔维亚·佩恩和詹姆士·斯特拉奇都试图讨论过这个问题，并且在后来被统一称为"争议性辩论"的附加科学讨论会上对此进行了发言。

我能够理解你为何强调克莱茵并非一位生物学家，然而我并不认为精神分析师们，从精神分析角度而言，会把本能理解为"简单"的生物学现象。毕竟，我们聚在一起讨论正是因为我们都同意，是身体需要导致了精神层面的幻想。

也许我们可以同意查尔斯·莱克拉夫（Charles Rycroft）的观

点，他指出"本能理论"和"客体关系"理论之间有着明确的边界，并且他把克莱茵和费尔贝恩（W. R. D. Fairbairn）归入"客体关系"阵营（Rycroft，1968）。正如我之前提过的，温尼科特认为"生物驱力"从生命之初就存在并导致了幻想，但这完全依赖于婴儿是如何被母亲照顾和抱持的。关联及最早期的关系对于婴儿的发展至关重要，它决定了婴儿会如何"管理"其身体感受。

克莱茵使用了"本能"一词，但她并没有真正意指某种本能（这也许是弗洛伊德学派对克莱茵理论的认识）；类似的，温尼科特也不想否认本能理论的价值。两个人都不想被看作弗洛伊德的反对者。然而温尼科特之后很明确地表示，他确实不同意弗洛伊德把"死本能"概念引入精神分析理论中（Freud，1920g）。温尼科特作为医生、儿科大夫及儿童分析师，依从了克莱茵的观点，也强调情绪和幻想逐渐与身体部位缠绕关联。

在你所著的《克莱茵学派理论辞典》中，你指出克莱茵承认她在婴儿早期的临床表现中看到了生本能和死本能之间的冲突，例如施虐、偏执和迫害——它们都是死本能的表现征兆（Hinshelwood，1989，p. 263）。假如这里所说的本能并不是弗洛伊德学派所说的本能，那么该如何命名它呢？

毫无疑问，温尼科特不同意克莱茵关于偏执-分裂位置的立场。但温尼科特不同意的地方在于克莱茵认为偏执-分裂位置具有普适性。所以，对于你谈论的"邪恶存在"，温尼科特的回应会是，克莱茵是在发展一个"原罪"理论（见第四部分对话）。温尼科特认为——而我也如此认为——偏执-分裂位置是早期抱持性环境缺陷的绝好例证。处于这种心理位置的婴儿，其客体并没有幸存下来。此外，并非每个宝宝都会经历这种特定的心理状态。因此，感到被迫害的病人将会展示出，在他／她早期的精神发展中，客体并没有幸存。换言之，这种无能力辨别环境与病人投射之间差异的极端心理状态展现的是内部精神损伤。这不同于"全能感幻象"阶段，因为在这个阶段，婴儿还不具有投射的能力。

你的另一个问题是，温尼科特如何解释人从无觉知状态过渡到觉知状态——从"我"过渡到"非我"。我的回答还是和之前一样，即温尼科特会认为这完全取决于母亲如何照顾婴儿、适应婴儿的需要。她对于婴儿的发展完全负责。这不意味着婴儿处在被动状态，做不了任何贡献，但这确实意味着如果没有母亲的贡献，婴儿则不得不诉诸假自体的发展。环境的失败绝对是所有精神病理现象的根源。

我前面提到，温尼科特在他关于客体使用的论文中（1971d，p. 94）识别出五个促进婴儿发展出辨别"我"和"非我"能力的动力性时刻：

1. 主体关联客体；

2. 客体处在被发现的过程中，而非被主体放置在世界中；

3. 主体摧毁客体；

4. 客体幸存于摧毁；

5. 主体能够使用客体。

当然就此还有很多可以展开的内容，但以上五点是我在别处（Abram，2012a）已作出的阐述的简要总结。

"全能感幻象"阶段值得注意的一点是它之后的一个必经发展过程是幻灭阶段。下面引用了温尼科特在逝世前几年写下的一段话。

> 不得不说是婴儿创造了乳房，但如果母亲没有在恰当的时刻送来乳房，婴儿也不可能做到这一点。在此，婴儿接收到的信息便是："创造性地来到这个世界吧；只有你创造出来的东西对你才有意义。"然后是："世界在你掌控之中。"从这种早期的全能感体验中，婴儿能够开始体验挫败，甚至有一天能够到达全能感的另一面，亦即感到自己不过是宇宙中的一粒尘埃。而这个宇宙在婴儿被其彼此欣赏的父母构想出来之前就已经存在了。这不正是人类从视自身为神过渡到获得了本应具有的谦逊个性的过程吗？（Winnicott，1968，p. 101）

你将会看到，温尼科特强调的是一个发展过程——没有"幻象"，也不会有"幻灭"。所以对于你关于婴儿"抗拒"现实的问题，我会再次说，这有赖于环境是否具有促进性，能否让宝宝从幻象过渡到幻灭；而这个过程随着时间推移终将加固人的自体感。

最后一点应该已经能清晰地从我前面所说的内容中展示出来了，那就是温尼科特一直在建构婴儿与母亲／他者关联的过程，并且他建构了一个详细的模型以解释不同类型的主观心理状态。尽管他一直和婴儿、儿童工作，但他在晚期著作中指出，相较于和儿童和／或父母及婴儿的"应用"工作，他和成年病人的躺椅分析工作教给了他更多关于婴幼儿心理状态的内容。

第三部分
外部客体的角色

第五章和第六章强调，克莱茵与温尼科特两人不同的理论导向了象征能力的不同基础，他们对个体发展过程中外部客体的功能有着不同的理解。

第五章　焦虑与幻想

R. D. 欣谢尔伍德

核心概念

·持续活跃的无意识幻想　·（无意识）更深层　·偏
执–分裂焦虑　·抑郁性焦虑

从很早开始，梅兰妮·克莱茵就追随卡尔·亚伯拉罕，并在
其著作中强调亚伯拉罕提出的无意识中的一类新的过程——组成
无意识"更深层"的原始防御机制。克莱茵并没有将这些原始机
制和神经症–俄狄浦斯水平的防御机制做对比，因为原始机制的
层级在神经症水平之下。

不同的层级不能彼此替代，而更深的层级会一直在无意识
中保持活跃。认为深层无意识幻想一直活跃的这个观点自20世
纪40年代产生起便一直遭到严厉批评。例如，爱德华·克劳福
（Edward Glover，自1934年起成为克莱茵最具威胁性的批评者）
认为，如果婴幼儿无意识幻想一直保持着活跃，那么就相当于否

定了退行和固着点的精神分析理论（Glover，1945）。尽管该理论可以被修正，但成熟意味着整合不同层级的体验。各个层的体验会汇聚成某种合作体，而较深层的内容会经过上面的层级表达出来。精神紊乱则暗示了不同层级的崩裂——更深层级的内容在没有经由更高、更基于现实的层级斡旋和转换的情况下就显现了出来。

这些和纳入（taking-in）及吐出（giving-out）相关的原始过程是自我形成及身份认同感受形成的基础，同时这一过程处理了身份认同焦虑或自体的湮灭和丧失。但与此同时，神经症水平同样活跃着，一旦与身份认同、自体丧失有关的焦虑得到相对稳定的管理控制，神经症水平就会占据主要地位。但是，如果身份认同受到了威胁，焦虑就会逆转到更原始的表达和处理机制上。克莱茵认为，当神经症水平的应激超过一定程度后，自我／自体的存在就会受到威胁。也许应该举个简短的例子。克莱茵在关于分裂样机制的重要论文中描述了一个治疗片段，而这是一个关键例子：

> 这次治疗小节一开始，病人告诉我他感到焦虑，但又不知道为何焦虑。接着他拿自己对比那些比他更成功、更幸运的人，其中也包括我。非常强烈的挫败感、嫉羡和委屈进入前景。当我解释说（在此我就概述一下这些解释的中心思想）这些感受指向的是分析师——他想要摧毁我时，病人的心境立刻改变了。他的声音变得单调，并用一种缓慢而无

情绪的方式说，他感到和整个情境都脱离了关系。他还补充说，我的解释听起来是正确的，但这都不重要了。事实上，他不再有任何愿望，认为没有什么事是值得费心的。（Klein，1946，p. 19）

有些东西直接从他的思维中消失了。他失去了觉知自身感受的能力——这个功能被解离出去了。克莱茵接着解释了这个变化：

我提出，在我解释的那一刻，摧毁我的危险就变得非常真实，而直接后果就是对失去我的恐惧。病人并没有像在某些分析阶段中表现的那样——在听到这样的解释后感到内疚和抑郁。他现在尝试通过一种特定的分裂方式来应对这些危险。（p. 19）

克莱茵指出，通常在这样的压力下，病人会分裂其客体——分析师，将之分成一个被憎恨的分析师和一个被热爱的分析师；或者将分析师变成前面两者中之一，例如被热爱的那个角色，而另外把一个第三方形象变成被憎恨的那个角色：

但这不是在这个特定例子中出现的分裂类型。病人分裂掉了他自己的一些部分，也就是说，分裂掉了他的自我中对分析师有威胁、有敌意的部分。他把针对客体的摧毁性冲动转向了自我。其结果就是他自我的某些部分暂时地不复存在了。在无意识幻想中，这相当于人格中的某些部分被湮灭。

这种把摧毁性冲动指向自身人格某部分的机制及之后出现的情绪消散，让病人的焦虑处于一种潜伏状态。

我对这些过程的解释再一次起到了改变病人心境的效果。他变得激动起来，说他感觉想哭，感到抑郁，但也感觉变得更整合了；接着他说感到了一种饥饿感。（pp. 19－20）

克莱茵补充说，饥饿感代表了对某些元素的内摄——现在这些元素来自一个好客体。

总的来看，病人一开始被对立、嫉妒、嫉羡及神经症水平的俄狄浦斯竞争感受所占据，但是当分析师进行了一次诠释后，病人的紧急保护系统立刻启动，原始机制开始拆解自我。这个分裂过程典型地证明了它对自我的损害。可以说病人就是丧失掉了自己的一部分，失去了拥有自身感受并让这些感受有意义的能力。

无论这些无意识中更深的层级怎么被仅仅视为幻想，这些幻想本身都是有现实效果的。在这里，因为内摄和投射过程（两个方向跨越自我边界的运输），现实原则并没有什么太大的影响力。在某种程度上，自我边界的凝聚或松散本身就受到传送物的影响。这就是克莱茵所命名的偏执–分裂位置，其特征是使用分裂机制，试图应对冲突中丧失自体和身份认同感的威胁。

身份认同

弗洛伊德在文章《论否认》（1925h）中，将口欲阶段的自恋描述为分裂出坏的东西和合并好的东西。而其悖论就是以客体关系叙事角度表达的自恋——将客体吐出和将客体纳入。克莱茵认为这个包含了内摄（将客体纳入）和投射（将客体吐出）的无意识过程慢慢建立起一种自我主要是"好的"，或者主要包含"好"的感受；反之，如果环境恶劣的话，这种自我将主要是"坏的"，或者主要包含"坏"的感受。而如果我从一开始便带有这种根深蒂固的"好"或者"坏"的感受，那么逐渐地，所有和现实中外部客体的相遇都会越来越多地充斥着这些包含在内部／排除在外部的事物的特征。而身份认同就是在这个基础上发展而来的。缓慢地，好与坏的感受和内化的外部客体会紧密交织在一起，得到进一步发展和加工。一开始，内部的客体集合可能是被非常不切实际地构想着的，而现实原则只能慢慢工作以判决现实特征；事实上，逐渐学会分清我们与之一起生活的外部客体的现实性，以及它们和通过内摄变成我们自身一部分的客体的区别，可能是我们一生的功课。

正是自体丧失的这种感觉让这一层级被认定为"精神病性"的。这一发展出带有个人独特性自体（即每个人的身份认同）的过程只能令人心痛地、缓慢地识别出被自体拒斥的坏的部分及他者身上好的部分。隐含在这个观点中的便是，原初阶段由不切实际的认识所组成，它的基础是对好的及坏的体验的感受（快乐原则）。在现实原则的指导下，个体逐渐开始认识并剔除错误的方向，同时慢慢地、更现实地看待自己，这就是所谓的"抑郁位置"。

抑郁位置和偏执-分裂位置是基于临床经验提出的。克莱茵认为它们形成了一种摆荡式的发展进程（事实上这种摆荡会持续一生）。偏执-分裂位置是原始机制——内摄和投射——的组合，它试图再造出一个现实以保护主体不会因自体和身份认同的崩解而感受到精神病性焦虑。晚些时候才会出现的抑郁位置则使人对关联客体的现实——这些客体的存在依赖于承认好与坏——有着更冷静的态度。

混合的感受

抑郁位置是这样一种心理状态：它能够允许事物的现实性占优势；能够允许自体沾染些坏东西，以及环境存留着好东西。一丝不苟的吐出和纳入现在得到了收敛。此外，婴儿的自我在执行这些功能时还并不熟练——有时候好客体会被吐出去，有时候坏客体会被纳入。而这些不仅造成了混淆，也导致了警觉。

如果因为错误或者现实的必要性而使一个坏客体被吞入，那么需要警觉的就是内在好的部分将会被污染、损坏或摧毁。一个人的内部"好"客体现在受到威胁（不仅仅是自体受到威胁），这也针对客体做出了警报。这是克莱茵理论中的一个特征，而她用此来解释利他主义，即利他主义不仅是自我满足，也是对作为另一个有感受的人/客体的感受。这种心理状态让人对他人产生担忧并对其幸存产生责任感。这种为客体而生的恐惧被称为抑郁性焦虑，它不同于偏执-分裂位置——在这里，占主导位置的是迫害性焦虑及为自身幸存而生的恐惧。当然，如果在一阵狂乱的分裂中，一个好客体被允许分裂走，那么也会产生对于丧失或损害自体内在的"好"和身份认同的恐惧。对婴儿来说，一方面存在着纳入"坏"的威胁，另一方面存在着对"好"产生报复性狂怒的"错误"。

因为好客体之好而对其产生恨意被称为嫉羡（有时也被称为克莱茵式嫉羡！）。嫉羡不仅仅导致潜在的罪疚感暴风骤雨般地出现，也促发了对于"好客体带来的满足将会停止"的焦虑。婴儿如果陷入这种混乱可不是件有趣的事情。然而，如果考虑到婴儿有纳入好事物的需要，那么此时遭遇另一个外在的他者、一个正在累积着"好"的心灵/自体则可能会威胁到整个系统的平衡。存在着一个独立的他者——她充满了好的事物，甚至慷慨地提供奶水、安慰、抚摸及内在满足感——这件事本身就造成了挑衅，而绝不仅是日常挫败感。独立的好客体的存在威胁到了自体的身份认同，因为通过对比，一个人的自体似乎成了坏的。这引发了我们所说的"咬喂养你的手"的那种攻击性。

随着婴儿慢慢成熟，他可能出现的幻想的范围也在成倍增长，而他也会发展出许多应对方式。成熟过程让婴儿对他者的心理有了更多了解，而他者们也在管理着自身的"吐出"与"吞入"——部分是为了照顾快乐原则中的舒适需求，部分则是出于现实的要求。在成长、成熟和觉知到他者的进程中，这种愉悦与不适的混合会慢慢稳定下来。因摧毁性客体的覆没而导致身份认同再度崩解的威胁不再频繁出现，也变得不再极端。这种特殊的对好与坏的混淆引发了一系列其他过程和幻想。这些过程非常复杂，所以每个个体的发展路径都需要被单独对待和解析。

超我

在此，对客体命运产生的焦虑从指向感受内部的好客体扩展到指向投射外部的好客体。警觉体验和责任感紧密相连，这种责任感既包括照顾客体的责任感，也包括因狂怒而伤害客体导致的责任感。这种责任感被体验为内疚。在这里，克莱茵的观点和弗洛伊德颇为不同——弗洛伊德认为超我形成于内化的父亲，这个父亲会因孩子做错事而带给孩子阉割的威胁。相应地，克莱茵认为超我部分形成于对所爱客体的感受，但超我激发的罪疚感则建立在自体及其威胁性"坏"客体之间的恨与愤怒的模板之上。

在抑郁位置的初始阶段（被克莱茵定位于3～6个月）超我具有许多偏执-分裂位置的盲目摧毁特征。但是随着抑郁位置慢慢展开，超我及它所引起的罪疚感变得更为柔和，修补伤害的幻想变得更为强大。因此在正常的发展中，超我会倾向于从一个危险的、惩罚性的、模仿"坏"客体的内部代理（agency）缓慢地演变为一个更具有善意、更愿意帮忙、更支持修复行为的客体。当这个过程发生时，罪疚感从惩罚转换为弥补修复。

***

本章试图描述个体从生命之初与外部客体的亲密关系及其和环境的积极互动。这一过程受限于不成熟的理解现实的能力。它包含如下特征：

1. 较深层级的防御集结为两种心理位置；

2. 无意识幻想理论的一个后果就是废除了退行理论；

3. 在更深的层级上缓慢地被神经症水平的冲突和防御所调和；

4. 自我分裂在努力幸存下来的过程中的核心作用；

5. 区别现实中的外部客体和因原始无意识幻想而对其进行的扭曲是人的毕生功课；

6. 随着抑郁位置愈发坚持尊重现实，个体产生对客体命运的"利他性"警觉；

7. 嫉羡谜——因其好而憎恨"好"；

8. 对超我和罪疚感的根源及发展观点的全新修正。

第六章　环境-个体组合

简·艾布拉姆

核心概念

·原初母性贯注　·过渡性现象　·过渡性客体　·促
进性环境　·（全能感）幻象　·悖论　·退行　·独
处的能力

颇为矛盾的一点就是，尽管温尼科特的精神分析理论强调母
亲／他者对婴儿情感发展的促进作用（亦即外部母亲），但对于
婴儿来说母亲此时绝不可能是真正意义上的"在外部"。这也是
为何"印刻"一词在这里非常重要（见第二章及术语表）。虽说
这个术语在法国精神分析学界更常见到，而温尼科特本人从未使
用过这个术语，但我认为它能非常好地解释出温尼科特如何理解
母亲影响及作用于个体自体形成的方式。现在让我们来看看温尼
科特对自体"印刻"过程的概念化，以及该过程与临床工作中移
情的关系。

温尼科特在其精神分析思想发展的第二个阶段（1945—1959，见第二章）建构了可以称为精神分析理论中最具创新性的概念之一：过渡性现象（Winnicott，1951）。这个概念是这一阶段中温尼科特最主要的理论建树（Abram，2008，p. 120），它来自"原初未整合状态"——婴儿只有在"平凡奉献"的母亲/他者的臂弯中才能享受的心理状态（见第一部分的对话和术语表）。足够好的母亲通过她的奉献来促进婴儿的成长与觉知水平的提升。过渡性现象作为一个概念，描述了主体发展出象征能力——能够区分出"我"和"非我"——的过程中，精神间-精神内之动力。过渡性现象指代了生命中这样一个维度，它既不属于内部也不属于外部，却是内部、外部两片领土接壤和分界之地。纵览温尼科特的著作，他使用了许多术语来指代这片心灵领域——第三区域、中间地带、潜在空间、栖息之地，以及文化体验之处（Abram，2007a，pp. 337–354）。

从发展过程来看，过渡性现象从一开始就存在于母婴二人组中，甚至可以说在婴儿出生前就存在了。随着婴儿开始区分"我"和"非我"、从绝对依赖期过渡到相对依赖期，他也会开始使用过渡性客体。但必须记得的是，婴儿需要驱力才能达成这一过渡，而前提就是母亲/他者的奉献和对婴儿无助状态的深度认同（见第四章）。

关于人类本性的三重论述

尽管梅兰妮·克莱茵在理解婴儿内在世界方面做出了重要贡献，但温尼科特的观点是她的理论并没有充分考虑环境在发展中的地位。可以说，过渡性现象这一概念在精神分析理论中填补了一个空白，并最终于1950年在温尼科特的作品中定型。1951年，温尼科特在英国精神分析协会的一次科学会议上呈报了论文《过渡性客体与过渡性现象》。在承认精神分析理论中需要一个考虑到内部与外部的双重论述后，他写道：

> 我提出的观点是，如果有对双重论述的需要，就有对三重论述的需要；人类生活中存在着第三个部分——我们不能忽视的部分。它是体验的一个中间区域，而内在现实和外在生活都对其有所贡献。这是一个不被挑战的区域，因为没有任何声明代表它。它将会作为个体的一个栖息场所而存在，因为个体需参与到人类永恒的挣扎中——既维持内在与外在现实的分离，又确保它们彼此关联。（Winnicott，1951，p. 230）

原初母性贯注

1956年，"平凡奉献"的母亲被进一步发展为"原初母性贯注"的概念（Winnicott，1956）。我们可以看到，过渡性现象和原初母性贯注这两个概念彼此关联。足够好的母亲在婴儿将要出生之际，能够"平凡地"委身于一种特殊的心理状态，"在这种状态中，很大程度上讲她就是宝宝，宝宝就是她"（1966，p. 6）。这种被命名为"原初母性贯注"的心理状态被暗示与精神病状态类似（Winnicott，1956，p. 302）。温尼科特强调说，这种状态在婴儿出生后通常会持续数周，之后母亲也因为压抑记忆，一般会忘掉这个时期的感受。

　　母亲的这一心理状态将会促使她的婴儿从诸多过程中获益，尤为重要的就是自尊及象征性思维能力的发展。一个感到自己需要被适应的宝宝"创造出客体"，而这让他产生全能感。为何婴儿会有全能感？温尼科特认为，婴儿需要某些事情，但是他一开始并不知道需要这些。例如，新生儿因为饥饿而啼哭，但是他还不知道他身体中的饥饿感受到底意味着什么。当一个能全然和自己的宝宝感同身受、理解他此时的无助状态的妈妈送上乳房后，宝宝就会在进食后感觉到他得到的就是他想要的。如果宝宝能说话，他可能会说："这就是我想要的！"这一体验给了他一种幻象，即他自己创造出了世界，而世界尽在他的掌控中。温尼科特指出，这个"创造出客体"的"全能感幻象"是一种本质性体验，也是自体（感）形成的源泉，还是宝宝产生对环境的信任、相信环境中能获得所需之物的源泉。但是，只有当婴儿逐渐能够自行意识到这个"天堂"不能永远持续时，这一体验才有意义。幻灭的过程必须跟随其后。这一理论可以被视为对弗洛伊德《论心理机能的两条原则》的特殊展开。弗洛伊德在文章的脚注中推断，处于核心地位的是婴儿对一个能促进他从快乐原则过渡到现实原则的母亲的依赖（1911b，p. 220 fn）。一旦这些发展任务达成，亦即被内化后，它们就成了该个体生命中持续的资源。

"创造客体"及"全能感幻象"都和"理论首次喂养"的概念有着内在关系。婴儿的需要被一个处于原初母性贯注状态的母亲所满足，这种体验不断积累，形成了温尼科特所谓的"理论首次喂养"。需要得到适应和满足的特质促进了象征性思维和想象的发生。正如前文所述，当婴儿饥饿时，他还并不知道这种感受到底意味着什么。但是母亲是知道的——无论通过直觉，还是在某种程度上依靠"常识"。这一适应让婴儿感到他持续地获得了他所需之物，而这让他感觉自己如神一般。但这个美好天堂终将谢幕，随着现实原则逐渐被引入，母亲将帮助婴儿经历幻灭过程。最终，这帮助婴儿逐步认识到他其实并不是神！

分析情境提供了一个潜在空间——通过移情关系，病人退行到因创伤而格外痛苦的发展阶段。这类似于弗洛伊德所说的"固着点"。在本章末尾，我会再次回到这个概念上，但现在让我们先来看一个温尼科特的临床案例，看看他如何在移情关系中工作，以及这个例子如何与所谓的外部客体相关联。

病人是一个中年男性，之前有过几任治疗师。温尼科特在谈论他们之间的工作时解释说，尽管病人取得了很多进步，但他一直抱怨说他还没有在治疗中触及某件事物，这促使他持续地找寻这缺失的"某个事物"。温尼科特写道：

> 一个周五，病人来了后还是像以往那样汇报情况。但那个周五最引起我注意的便是病人在谈论阴茎嫉羡。我是经过考虑才使用这一术语的，而且我必须接受一个事实，即综合材料及其呈现来看，在这里使用这个术语是合适的、恰当的。但显然，阴茎嫉羡这个专有名词通常不会被拿来形容一个男人。

> 隶属于这一特殊阶段的改变在我处理这一情况的方式上展现出来。在我提到的这节中，我对他说："我在倾听一个女孩讲话。我很清楚你是一个男人，但是我在听一个女孩讲话，我也在和一个女孩说话。我告诉这个女孩：'你正在谈论阴茎嫉羡。'"

> ……停顿了一会儿后，病人说："如果我跟人提起这个女孩，我会被说是发疯了。"

> ……我接下来的回应让我自己也很吃惊，而且这个回应正中要点。我说："不是说你把这件事告诉了什么人，而是我看到了一个女孩，听到一个女孩在说话，但实际情况是，躺椅上躺的是一个男人。发疯的人是我自己。"
> （Winnicott，1971a，pp. 73‑74）

温尼科特和病人都意识到，病人曾经经历过一个虽然神智正常但身处疯狂环境的体验。这个疯狂的环境便是，一个母亲把婴儿当作女孩对待，但事实上她的宝宝是一个男孩。

这个例子展现出移情关系如何唤起早期精神环境，而如果分析师足够开放，能够接收到病人在分析情境调动下尝试沟通的这些意义深远的信息，那么这种类型的体验就能够被带入意识中。

这个案例也是一个很好的例子，展示出遥远的过去——一个曾经疯狂的母亲——是如何在当前与分析师的互动情境中再现的。此时，无意识中来自过去的创伤被再次经历，但这次发生在一个旨在促进表达和理解的设置中，亦即弗洛伊德式分析情境中。这就是分析所做的事——最终应一步一步引向修复。

上述临床案例呼应了欣谢尔伍德在第三章一开始谈及的梅兰妮·克莱茵的观点："……她可能会说，无论在哪个年龄阶段，最深层的那些无意识幻想就是婴儿作为新生儿曾经有的那些体验。"但是，温尼科特的这个案例带来的新理解是，存在一种（可能的）现实情况——病人的母亲曾经将她的男婴视为一个女孩，这一疯狂的环境被病人所内化，并留存在他心灵的最深层（就好像它真是一个事实，他真是一个女孩），直到"它"（个人史中被埋藏/解离/压抑的疯狂沟通信息）再次通过当前分析中和温尼科特（此时此地）的移情关系浮现出来。温尼科特在那个特定时刻感到自己是疯狂的（进入疯狂母亲的身份认同中），因为他倾听病人时仿佛在倾听一个女孩谈论她的阴茎嫉羡。

无意识幻想、退行与固着点

正如欣谢尔伍德在第五章中所言，认为"无意识幻想"自生命之初就已是人的固有部分这一观点具有很大争议性，因为它取代（或废除）了弗洛伊德就"退行"和"固着点"的理论建构（King & Steiner，1991，p. 699）。这个经典弗洛伊德学派和克莱茵学派之间的争议在学术分化方面自然起了推波助澜的作用，它是导致各种不同"团体"出现的原因。然而，无论这些话题多么具有相关性，都超出了本章（及本书）所能涵盖的范围，因此我在此仅勾勒一下温尼科特在退行这个问题上的理论发展。

温尼科特构建了他自己关于退行的理论（Abram，2007a，pp. 275–294），这个理论在很大程度上建立在弗洛伊德退行概念之上，受到克莱茵对婴儿、儿童幻想生活观察的强烈影响，并融入了他自己在和儿童、成人工作时的领悟。从本质上看，温尼科特认为分析性治疗给病人提供了一个可靠的设置，能"促进"病人"退行到依赖"，"从而重新经历那些并未被真正经历的、在早期环境失败时发生的创伤"（Abram，2007a，p. 275）。用这个观点来理解前面的临床案例，我们可以看到案例中的"环境失败"被假定为母亲的疯狂，这是温尼科特从自己的反移情中推测并加以理解的（即他感到疯狂）。于是，在移情情境的此时此地中，病人能够体验到他是神智正常却处于一个疯狂环境中的，而这种感受在分析关系的背景下进入了意识。

　　然而，前述临床案例在关于无意识幻想和退行的不同理论视角所引发的问题比回答的问题还要多。和各种类型病人工作的分析性临床工作者面对的问题有：如何判断哪些来自内部、哪些来自外部？内与外又是如何彼此交汇、融合的？分析师和病人该如何区分早期环境缺陷（失败）和深层的内部无意识幻想？哪些幻想是内在固有的、哪些又是被创造出来的？哪些理论能够帮助分析师理解这些问题，以使其能够像温尼科特在上面的例子中那样帮助到病人？在第三部分的对话中，我们将会谈到其中一些问题。

小　结

表3　外部客体的角色

	克莱茵	温尼科特
婴儿与环境的关系	从出生起就觉知到客体的存在	出生后与客体融合，处于未整合状态
早期扭曲	要么把客体理想化为全好，要么把客体妖魔化为全坏（偏执–分裂位置）	如果婴儿的需要被一个足够好的母亲/他者适应，婴儿就会产生全能感幻象；如果抱持性环境有缺陷，婴儿就会产生无法想象的焦虑/原始极端痛苦
现实客体的影响	婴儿发展内部世界；开始出现抑郁位置和两价性情感的萌芽	逐渐意识到"我"和"非我"（现实）的区别；（如果被环境促进）开始发展自体感；如果遇到的环境不够好，或受到创伤，其持续存在感会出现断裂
被现实客体恰当照顾的结果	内化一个好客体及一种乐观的态度	全能感幻象产生之后必须跟随逐步的幻灭（现实原则），融合状态才能过渡到具有象征性思维能力的自体感
被现实客体忽视的结果	形成迫害性的内部世界；严苛的超我及其他严苛的客体占据主导	环境缺陷发生的年龄是一个重要因素；无法想象的焦虑会导致精神病理性防御（见第八章）

对　话

欣谢尔伍德：本书的这一部分涉及另一个重要的观点分歧——外部世界的本质——尽管我们可能会再次陷入"克莱茵的看法究竟是什么"的争论中。很多人对克莱茵有一个误解，即她忽视外部客体或温尼科特所说的环境。但事实情况更为复杂。的确，克莱茵试图一贯地从婴儿视角来看待事情，而在生命早期，婴儿不能对其周围世界及世界中的他者有清晰的感知。从这个角度讲，如果我们强调她对于婴儿视角的偏重，那么婴儿就不可能总对环境有准确的认识。一开始，婴儿的感知会存在严重扭曲；虽然不见得是唯我中心主义的，但必然受其心理状态，以及身体状态的影响。从生命之初，另一个客体是一个具有意图和自身独特体验的人。这些人格化的形象非常原始，可能仅仅是客体有意愿喂养婴儿、支持婴儿存活，抑或反之——客体有意愿让婴儿受罪，甚至想让婴儿在恐惧骇然的湮灭中分崩离析。

这是针锋相对的两个极端，没有中间地带可言。"母亲"或其他什么人要么是完全好的、完全为了婴儿着想的，要么是绝对邪恶的、只有伤害愿望的。这种卷入外部世界或环境的方式被称为偏执-分裂位置。虽然从整体来看，它是不切实际的，但它能让人感知到一个充满活物的世界。有趣的是，许多精神分析师倾向于认为婴儿只能看到事物、无生命体，而对一个活生生的、有感受的他者，婴儿却需要通过发展而获得觉知。甚至许多心理学家也抱有同样的观点。但克莱茵描绘出的婴儿的世界是一个有生命体的、人格化的世界。无论身体和心理的关联如何，婴儿的心理关联着一些作为其他心理而存在的所谓的实体。当然，婴儿还无法很好地区分这种关联和婴儿身体与另一个身体的关联。把他者当作非人类实体对待，是生命后期才可能会出现的情况。

当然，正如我在第五章中提到的那样，这种对环境的原始建构并不会持续太久。克莱茵可能会说，在婴儿生命的头半年中，现实就会开始萌芽，但它会以一种特殊形式发生，并伴随着撕心裂肺的痛苦焦虑。婴儿对给予生命的他者或对邪恶摧毁生命的他者会做出不同反应，但现在婴儿发现他们可能是同一个人！这就构成了危机，因为它要求更为复杂的体验组合，以及面对环境中的他者时拥有协调极端方式的斡旋能力。如果你朝着那个希望让你活下来的人"大吵大闹"，那么会发生什么呢？这是个关键问题，并且它早在婴儿能够真正领会其中利害并能真正解决它之前就已经出现了。这种类型的潜在灾难被称为"抑郁位置。"

用这个机会，我回顾了一下这一发展过程，以澄清关于克莱茵忽视现实环境的误解。究竟是什么引发了这一误解？人们为何不顾克莱茵写作、思考中究竟表达的是什么，而让这个误解延续下来，甚至波及整个克莱茵学派呢？这真令人迷惑。简，也许你可以说明这个误解到底是如何持续这么久的。不过在此之前，我还想谈谈与外在他者（母亲、母性环境，或无论怎么称呼它都行）的关系中的另外两个值得探讨的要点。

处于偏执-分裂位置的婴儿应对被我称为"现实降临之灾难"的能力极弱，其整个生命支持系统也极易受到侵扰，因此其幸存完全依赖于环境对这些需要的持续照顾。个体终其一生都要和这种抑郁位置带来的灾难做斗争，这样他就总是需要依赖环境（在成年期，环境当然不仅仅意味着父母）。我知道这个观点和温尼科特对于环境的观点不同，后者认为环境只能保护婴儿不受到太多的挫败。也许克莱茵的观点与温尼科特后期对于客体幸存的兴趣有更多关联，是这样吗，简？

很关键的一点是，母亲和照顾者不会因婴儿将其当作邪恶者对待而被摧毁。母亲们通常总是很有韧性的，如果她们幸运，就会有自己的支持系统，其中包括自己的母亲、丈夫，以及一群有着同样年龄孩子的母亲们。但无论如何，所有的母亲都会有气馁、需要喘息的时候，甚至有时候也会反过来迫害自己的婴儿。母亲在现实降临之际（抑郁位置到来时）的幸存至关重要——它是好环境的一个关键成分，能滋养婴儿的智力和心理发展。需要补充说明的是，最困难的部分其实是现实的到来，在这个过程中，婴儿和照顾者都摸索着去应对抑郁性焦虑。由于这一灾难被（或许是双方）感受为一种具象的叙事，即母亲无法幸存下来，因此外部客体——提供照顾的他者、现实——可以来救援。如果母亲能继续保持母性功能，那么对于宝宝来说，现实就是母亲的确可以帮助宝宝渡过这一切。如我之前所言，解决抑郁位置带来的困难是一生的功课，但进步确实会带来改变，问题确实会得到解决。一开始，婴儿预期其对邪恶者的憎恨也会被环境中的他者以相等的暴力和致命性返还给自身——这是相互迫害。而照顾者拒绝真正地返还敌意，这就使焦虑可以经历一个缓慢但稳健的蜕变过程。一开始的焦虑是对湮灭的恐惧，但因为婴儿感到他此前错怪了好母亲，把她当成邪恶的母亲，所以开始体验到内疚。我们可以说，一开始，迫害性的恐惧是一种要求惩罚的内疚形式——以眼还眼的那种惩罚；之后改变慢慢发生，罪疚感得到缓和，变得不再那么具有惩罚性，而要求补偿或赎罪，这被称为"修复"。

之前我提到会涉及两个要点，现在我就来谈谈第二点。当然，这一点也非常复杂，可能需要在本书第四部分做进一步讨论。前面讲到的叙事场景是环境及其中提供照顾的母亲或他者。但其范畴不止如此。可以说，这一叙事也在第二个舞台上上演。我们二人都强调了精神—躯体相等性（psyche-soma equivalence），即身体和心灵被感受为一个整体。正是因为这些叙事的源泉是身体感觉，例如，饥饿感、被喂养感、挫败感，等等。这些自体与客体互动的叙事的发生地（第二个舞台）就是身体内部。来自肚子的感受被觉知为"好母亲或者坏母亲造成了这些感觉"的叙事。内部舞台和外部舞台持续性地互通有无。而克莱茵认为这就逐渐形成了身份认同的感受——一种感到自身是实体、存有生命并且包含内部关系的感受。这些关系可能埋藏在无意识深处，但也不尽然。我们大多数人都会在脑海中有意识地和重要他者对话——当然，这通常发生在相对高级的理性层面；但在克莱茵看来，这其实是无意识地在心灵更深层级上演的更为原始叙事的回声。

好吧，暂且先说这些。希望你能描述一下温尼科特如何看待我前面所述的发展过程。

艾布拉姆：温尼科特在抑郁位置这点上并没有不同意克莱茵，并且我在第二章中提到，他认为克莱茵的"抑郁位置"理论对精神分析的贡献等同于弗洛伊德的"俄狄浦斯情结"。但是温尼科特不同意抑郁位置的命名，因此将它重新起名为"担忧阶段"，他对于克莱茵理论的修正凸显了你在前面指出的观点（Winnicott，1963）。

二人之间有很多相似之处，但也有很多特定的不同之处。两人的主要相似之处是，认为对于早期婴儿来说存在着两个母亲——环境母亲和客体母亲。环境母亲被视为理所当然地存在着；她是宁静时刻的母亲。客体母亲是兴奋时刻的母亲。到了特定时刻，婴儿需要把这两个母亲聚合成一个母亲，他开始意识到兴奋时刻的母亲其实就是宁静时刻的母亲。

　　两人的区别是，温尼科特认为只要婴儿被抱持并体验过全能感幻象，就不存在邪恶的母亲——因为温尼科特并不同意存在着固有的憎恨与迫害的客体。然而，对于没有被抱持的婴儿来说，一个邪恶的迫害者很可能是存在的。但如果婴儿有这种感受，这完全都是环境的责任。此外，的确存在病理性残忍的母亲，她们确实对自己的婴儿有施虐感并将之付诸实践。这个事实让内部过程更为复杂。但我认为两人之间存在着本质上的不同。

　　温尼科特理论中的客体母亲与宁静时刻的母亲是不同的，前者让婴儿感到兴奋和躁动，这也许和母亲变化的心理状态有关。当婴儿到达担忧阶段之际，从主观上把两个母亲——环境母亲和客体母亲——聚合起来是这时主要的任务。接着，婴儿便开始对母亲有一种责任感，这个母亲既是他喜爱的那个，也是他可能会责怪、拒绝或对其感到兴奋和焦躁的那个。温尼科特试图更为精细地描述婴儿的体验，因为他感到事情不仅仅是简单的好或坏。事实上，温尼科特提出"足够好"的母亲，也是在拒斥克莱茵的术语。他的关注点与克莱茵的不同，他关注的是有一个真实的母亲，她要么是足够好的（但并非完美的），要么是不够好的。"足够"一词强调，所有女性都是人，她们也会失败、犯错误，但是有的失败是小错误，有的失败则是大错误。

　　接着我来回应一下你说的关于克莱茵忽视环境的误解。从你的描述中，我无法确定婴儿是如何从偏执-分裂位置发展到抑郁位置的。克莱茵是如何建构这个发展过程的呢？你在前面提到，这有赖于环境，但是克莱茵在其著作中的何处提到这些了呢？我的理解是，直到比昂在《一个思想理论》（Bion，1962b）中引入"容器–容纳物"概念后，克莱茵学派理论才开始承认环境对于婴儿发展的作用。

因此我并不确定，是否能说克莱茵忽视环境是个误解。如果她没有相应对环境做出阐述的理论，那么很自然地，她定会被认为忽视环境角色。

欣谢尔伍德：我想有些问题我们之前已经讨论过了。但是你提到了两个非常有趣的问题。一是关于这个天大的误解。我很好奇它究竟有多顽固不化。举个例子，你知道克莱茵（1936）写过和断奶有关的论文，所以我更愿意认为，克莱茵因为其他人对她关于现实原则的看法缺乏兴趣而感到灰心。所以她也没有很努力地去抵抗鲍尔比（1940）、温尼科特（1945a）等人提出的这个愈演愈烈的误解。总之，她关于抑郁位置的论文在1935年发表后，英国精神分析协会更在意如何厘清克莱茵"内部客体"这个概念。这个概念让其他同僚非常迷惑，因此在之后十年，发表在《国际精神分析杂志》上来自英国的论文中，内部客体这个主题出现的频次超越了其他所有主题（Hinshelwood，1994）。无论如何，克莱茵对发展历程的基本看法是，当婴儿到了4～5个月大时，其感知会越来越准确（也许这是和知觉系统相关的生物性发展），所感知到的现实也就越发实在。这就是抑郁位置——正如你说的，温尼科特宝宝也好，克莱茵宝宝也好，他们都会意识到客体（母亲或他者）的现实性，而需要将不完整的感知拼凑起来。克莱茵的宝宝要聚合"好母亲"和"坏母亲"；温尼科特宝宝要组合"环境母亲"和"客体母亲"。事实上，克莱茵的"抑郁位置"理论是她对现实原则的解读。她在1935年关于抑郁位置的论文所激发的对内部世界的关注点其实就在于内部世界中的客体与关系是如何与外部世界中的客体与关系相匹配或匹配失败的。

内部世界所造成的扭曲作用是这里最主要的关注点，即从观察者角度研究主体对外部世界的扭曲程度（而主体也可能会随着时间的推移看到这种扭曲）。你知道，厄内斯特·琼斯（Ernest Jones）1935年在维也纳做的交流讲座中略带责备地做了如下总结：

> 我认为维也纳同行可能会批评我们过度关注早期幻想生活，却因此忽视了外部现实。我们的回答是，分析师如果忽视外部现实，这并没有危险；值得小心的反倒是，分析师总是有可能低估了弗洛伊德关于精神现实重要性的教诲。
> （Jones，1935，p. 273）

这一评论也可以用来回应温尼科特及其追随者对克莱茵所做的指责。我认为我们正在争论的这个议题其实是，新生儿天生就带来的"出厂设置"，即其内部世界，如何在与真实的现实互动中重构并微调。也许这是一个神秘的建构，因为我们讨论的这些早期经验本身就具有一定的神话色彩，不是吗？但是，如果说婴儿真的能现实地区分出母亲的"忽视"是不小心之举（如还没来得及加热好奶瓶中的奶），还是母亲故意之举（大写的忽视）——铁了心地想要婴儿等着，这难道不也有些妄下雌黄吗？我很确定婴儿在此两种情况中会感受到一些不同，但是在如此早的阶段，婴儿可以用来思考的事情能有什么分别呢？

我想询问的第二个问题，我觉得非常有意思，也希望你能更多地解释一下，那就是"环境母亲"和"客体母亲"之间究竟有什么分别。就其本身而论，它们并没有描述出婴儿在体验上的细微差别，但你否认这一点。能否请你更详尽地解释一下温尼科特认为婴儿在每种情况中都体验到了什么？

艾布拉姆：我很愿意回答你提出的两个问题，鲍勃。你提到了克莱茵1936年的论文《断奶》，为了回答你的质疑，我很高兴能再次阅读此文。这篇文章的确是一个清晰的例证，展示出克莱茵确实想引入环境因素，同时我能看到你提到的她想要强调婴儿从快乐原则过渡到现实原则的方式。我不知道你是否意识到，在你引用的这篇文章的脚注中，克莱茵感谢温尼科特"提供了和这个议题相关的许多具有启发性的细节"。她提到在婴儿生命最早阶段，母亲向婴儿介绍乳头时，母性照护的重要意义。她说，如果这个情境没有被敏感地处理，那么"第一次或最初几次喂奶时，母婴之间良好接触的可能性就会被损害"（Klein，1936，p. 297）。温尼科特在其著作中也多次提到这些早期时刻的重要性。

我感觉这些误解之所以会变得——如你所说——"顽固不化",是因为理论倾向于慢慢极化。此外,尽管克莱茵确实承认断奶过程中客体协助的意义,但她也在很多地方谈论婴儿自出生起的内部幻想。所以也许是她作品中对此的强调让人们忽视了她其实也评论过真实外部客体角色的事实。克莱茵逝世后,克莱茵学派的发展也确实更为强有力地关注内部世界,这大概也是造成这种"顽固不化的误解"的另一个因素。

继续深入来看,似乎克莱茵和温尼科特(你和我也同样)在下面这一点上持一致意见。用你前面的话来说,抑郁位置的重点在于:"内部世界中的客体与关系是如何与外部世界中的客体与关系相匹配或匹配失败的。"你提到的厄内斯特·琼斯的引文也很有帮助,因为它凸显出维也纳(经典弗洛伊德)学派和诸多追随克莱茵客体关系创新的英国分析师面对的困难。所以你在回答我之前提到的克莱茵于何处关注环境这个问题时所列出的要点可能是你我都同意的部分。这个过程也十分有趣。那么现在让我们来审视一下这些理论是如何被运用到治疗技术中的。

虽然我们现在可以同意,梅兰妮·克莱茵就婴儿发展问题确实在其著作中多处考虑到了外部客体/环境的作用,但我认为,这些概念是如何被运用于临床情境中的也很重要。我们可以来对比一下在这一部分的两章中你我分别引用的临床案例。在克莱茵的案例中，她强调要解释病人的焦虑是他在移情关系中对分析师的嫉羡，以及委屈的表现（通过其联想而做判断）。病人的回应是同意她可能是对的，但"没有什么事是值得费心的"。克莱茵接下来的解释向病人展示，他害怕因为自己的摧毁性而失去分析师。接着克莱茵断定，她"对这些过程的解释再一次起到了改变病人心境的效果。他变得激动起来，说他感觉想哭，感到抑郁，但同时感觉变得更整合了……"我假定她分析的这些"过程"和偏执−分裂位置相关。我认为这是一个典型的克莱茵临床技术案例，我也能看到根据分析工作的进展，这种技术也许会对一些病人有帮助。但如果这个技术在分析中被过早使用，尤其是在和自恋／边缘型病人的工作中，那么结果可能是病人要么变得顺从（正如在此案例中第一次解释后病人的反应），要么感到受伤，以至于可能在创伤和混乱中离开分析。我猜想也许这就是鲍尔比和温尼科特批评克莱茵时所谈的问题——他们其实是在批评她的技术，因为至少从这个例子来看，该技术只关注了内部世界。鲍勃，你怎么看？

让我们来对比温尼科特的临床案例。当温尼科特对病人解释说他听到一个女孩子在谈论其阴茎嫉羡后（尽管在躺椅上的是一个中年男人），病人感到了疯狂。而温尼科特接下来的解释指出了环境／分析师所要承担的责任。我们也能看到温尼科特在做出这些解释时，敏感地与自身反移情同频，而克莱茵则更多地聚焦在病人与嫉羡、委屈相关的内部焦虑上。

顺便提一下"退行"概念。在温尼科特的例子中，病人退行到婴儿早期，而分析师（温尼科特）似乎在反移情中感受到了这一点。另一方面，克莱茵（拒斥了反移情概念）对早期精神过程的关注可能会被视为逾越了客体对病人焦虑感的责任。这样，克莱茵的临床案例彰显出她的焦点还是在病人的内部世界上。

接下来，我稍微解释一下温尼科特就担忧阶段提出的"环境母亲"和"客体母亲"之间的区别。温尼科特想要回避"好"与"坏"带来的极化。如前所述，环境母亲与婴儿所诞生的家庭及整体环境相关（如父母、手足等）。母亲处于原初母性贯注状态的能力帮助她在精神上与婴儿的情感状态同频。客体母亲在兴奋时会进入前景——她不一定是坏的或具有迫害性的。把母亲的这两个方面整合为一体，是成熟过程的结果，而一个能够耐受（幸存）婴儿本能冲动，亦即"前有情"阶段（此时婴儿是"无情"的）的母亲会促进这一结果的达成（Abram，2007a，p. 104）。

欣谢尔伍德：我仅就克莱茵所做解释完全是"内部"的补充两句。也许我们在以不同方式看待"内部"和"外部"。在我看来，克莱茵的解释恰恰就是关于病人和一个丰盈且具有创造性的外部客体的关系。他关联上了那个客体。现在，出现了他对她的反应——这的确是关乎内部的。但是这样看其实忽视了他关联着一个真实外部客体的事实。关联的另一面也非常重要，即一个有着自身丰盛内部世界的外部客体。

　　事实上，借用温尼科特的话来说，克莱茵的解释描述的是一个内部-外部"组合"。但我们很可能是在用同样的词汇讲述不同的概念。

第四部分

精神分析概念之"精神痛苦"

　　第七章与第八章将会检视"精神痛苦"这一概念在两种范式下的不同发展历程。同时这一部分将会涉及不同理论理解对精神分析技术的影响。

第七章　梅兰妮·克莱茵与内部焦虑

R. D. 欣谢尔伍德

核心概念

·担忧　·迫害性焦虑　·分裂　·摧毁（性）　·心理崩溃

我认为，温尼科特和克莱茵都通过直面现实来进行自己的工作，接近病人承受的焦虑或斯特拉齐（1934）所说的"急迫点"。对于温尼科特而言，这个工作似乎和捕捉及建立一种"自体"的存在感更为相关。

观察儿童的焦虑

克莱茵在其职业生涯初期，仅仅是观察自己的孩子和其他儿童，那时她对于学习之痛苦感兴趣。譬如：

在弗里茨看来，他写字时，线条意味着道路，字母驾驶着摩托车——钢笔。例如，"I"和"e"一起坐摩托车——通常"I"是司机——它们亲密相爱，人间不曾可见。因为它们总是一起坐摩托车，所以它们彼此愈发相像，竟不能区分你我。"I"和"e"的开头和结尾都是一样的，只是在中间部位，"I"要小小划一笔，而"e"有个小洞洞。（Klein，1923，p. 64）

克莱茵评论道："它们（这些字母）代表了阴茎，它们的道路代表了交媾。"（p. 64）这些和关系及发展等严肃议题相关的无意识联系对好奇心和学习有着抑制作用。那时，克莱茵使用俄狄浦斯情结这一精神分析理论来展示较小的孩子如何尽可能在学习情境中管理这部分冲突。

然而到了20世纪20年代，她的工作更具备精神分析系统性，而此时她也开始尝试治疗紊乱的儿童。她惊讶地发现，这些儿童有很强的攻击性，但又因为看到父母在一起产生的恨意而害怕自己会伤害所爱的父母。那时，克莱茵描述了一种她认为孩子们想要展示给她看的特殊形象，她将其命名为"联合父母形象"。这个术语指的是儿童看到或想象到父母在口交或性交时内心所产生的痛苦体验。父母的性交被视为含有某种暴虐因素，而暴虐的程度与儿童对这一排他的性交活动的愤怒相等。相应地，儿童体验到的痛苦也就和因担心是他造成了对父母及父母之间暴力攻击而产生恐惧（内疚）相当。

克莱茵观察到儿童在游戏中展示出焦虑危机（以及跟随其后的抑制），并认为从中看到了儿童在特定关系情境中的焦虑程度。尤为重要的就是，儿童害怕这些危机会不可控地愈演愈烈。因此，克莱茵认为是儿童凸显了焦虑的源头——摧毁性。它之所以是一种焦虑是因为孩子们要去保护所爱之人不被他们的摧毁性毁坏。

抑郁位置和偏执-分裂位置的焦虑

但是，随着克莱茵后期工作和思想的发展，她对于精神痛苦的建构也转向了不同的侧重点，我认为这段时间恰好是她和温尼科特频繁接触的20世纪三四十年代。在前面的章节中，我们看到她此时开始思考比俄狄浦斯焦虑更深的层级。至少从1934年起，她就认定存在更深的层级，这些层级有着特定的防御机制。一开始，她称这些更深的层级为"早期压抑机制"（Hinshelwood，2006）。但到了1946年，这些机制被理解为特定的"精神分裂样过程"，亦即自我或自体的分裂，而非压抑。分裂通过"造成湮灭"进行防御，克莱茵如是说，即自我功能制造出了无法忍受的体验，因此它和把体验本身转移到无意识的过程是非常不同的。

在这个时期，她理解到精神痛苦的核心在于自我瓦解的程度。无论俄狄浦斯冲突多么令人痛苦，自体感的破碎和丧失问题远超出俄狄浦斯情结所带来的疾苦。甚至，如果你的自我功能运转不够良好（以及整合程度不够高），你都不可能有俄狄浦斯情结并觉知到其中的冲突。

自体的丧失是一种存在意义上的震恐，因此我认为温尼科特使用"连续存在感丧失"这样的表达其实非常贴切。然而，两人对于这一存在之灾难究竟如何降临则有着相当不同的观点。在此我仅谈克莱茵，并会再次回顾第五章中的简短案例。在案例片段中，遭受困扰的男人被指出其对分析师的憎恨和嫉羡。在那一刻，即使只是短暂的一刻，他只能通过完全放弃感受任何重要事情的能力来应对。他的头脑变得一片空白，他感到没有什么东西是重要的。从一种真实的层面上讲，他失去了自体或自我至关重要的部分。

克莱茵认为，精神痛苦是幻想，存在于自体内部，存在于所谓的内部现实中。它有两种形式，一是因所爱父母的状态而感到的痛楚，或担忧的能力——我认为对于这一点，温尼科特会强烈同意克莱茵的观点；二是因为自己的自体和身份认同而感到的恐惧。在这一点上温尼科特仍然追随了克莱茵的理念，但是他完全不同意其中建立和维持自体感（见第三部分内容）的过程和机制。在克莱茵看来，痛苦的焦虑感存在于婴儿心理内部，与婴儿在无意识中编撰并讲述给自己的叙事有关。

在抑郁位置上，这些担忧的表现形式就是担心爱不够强烈，以及对无法保护所爱之人的幻想。这逐渐发展为婴儿的焦虑性幻想，即他的摧毁性终将获胜，并湮没所爱之人（好客体）。其结果是婴儿会加倍努力地保护好客体并在事实上重建它们（她称之为"修复"）。并不少见的情况就是，抑郁位置的这一精神痛苦被回避——方法是运用一种被称为"躁狂防御"的机制。这一机制通过扭曲客体关系进行防御，于是儿童担心失去的那些重要客体被嗤之以鼻。也就是说，儿童进入了另一种心理状态，开始否认这些客体的重要性，并告诉自己"它们根本不会消失，我根本不需要它们！"。这一态度中包含了拥有伟大全能感的幻觉。

另一种痛苦的焦虑被克莱茵称为"迫害性焦虑"，它在自体感到遭受某种威胁时出现。恐惧是关乎自体的，对主体不能幸存的担心。从无意识幻想角度来看，自体之所以感到缺乏存活及追求某种生活的能力，是因为它内部的坏客体似乎更多，而好客体无法很好地做出应对。自体感深深植根于内部的这种好坏客体间的平衡感／不平衡感。生命的苍白与虚弱恰恰就是这种感受——一种缺乏生命实质和能量的感觉、一种内部世界贫瘠的感觉。甚至在成人身上，这种危险和贫瘠也可被感觉为躯体症状，如身体或四肢疼痛或出现疾患。无意识体验使威胁感和内部特定的疾病相连；一个众所周知的例子便是，癌症在意识层面被用来代表某种内部威胁。

在众多机制中，投射性认同就真切地损害或摧毁了自体感。在克莱茵就此所描述的幻想中，自体的部分被排泄了出去。这补充了此前亚伯拉罕（1924）关于内摄和投射的发现，他将之刻画为全能感幻想——自我在其中将好坏客体于内部和外部之间往返输送。克莱茵补充道："自我也可以将自己的某些部分以同样的方式在内外之间传递。"而身份认同就在这个过程中形成或发生扭曲——将自体的一些部分视为其他人的。举个日常生活中的例子，两车相撞，司机都认为对方应感到歉疚。这就说明投射性认同会被使用于恐惧和压力情境下。这一机制代表了偏执-分裂位置，并展示出在人的一生中，自我都可能在两种位置之间游走。

投射性认同典型地呈现出，这些对抗偏执-分裂位置上迫害性焦虑的早期机制必须依赖于自我的分裂。在两车相撞的例子中，自我感到内疚的功能丧失了，却在另一方身上唤起内疚——或者说至少有这样的企图。然而，"投射性认同"这个术语被其他学派的诸多分析师所采纳（尽管温尼科特没有使用它）并被运用于许多非常不同的概念语境中。

当本打算用来防御湮灭焦虑的过程依赖于分裂时，最初的碎片化焦虑则可能被增强。这能促成一种循环过程——它是之后生命中惯性滑向心理崩溃的驱动力核心。在这种情况下，瓦解愈发被视为来自外部（由于投射），但其实大部分问题出在自我所使用机制的自毁性和自我分裂特征上。当然，这也和一个不友好的、确实存在迫害性或施虐性照顾者的环境非常有关系。克莱茵学派的立场是，照顾者对婴儿自我完整性的侵犯可能有不同的效果。换言之，我们必须考虑为何有些人在严苛环境中格外脆弱，而有些人坚韧不拔。那些更容易使用分裂机制的人对于环境失败的复原力也会更少一些。

自我的疾患表现为两种心位之一上的焦虑。想要幻想出身体和心灵的问题并不困难，因为人类本来就有着生动的想象力。而人们也可以花大把时间和能量——以及金钱——去治疗那些有时候很明显是因对身体功能的幻想而导致的身体疾病。这些关于我们的身体如何运作的概念，与那些更科学、更现实的正统医学理论相配合，就可以进一步被那些从无意识中渗透出来的、根植于内部现实的意义和旨趣所贯注。

原初摧毁性

克莱茵早期致力于发展儿童游戏治疗技术。自那时起，她的关注点就在于人类因爱恨平衡问题而产生的强烈的焦虑和压力。她认为，当一个已经安顿好的平衡被打破时，就形成了精神痛苦的原初来源。通常，它会被视为某种原初攻击"本能"的伴随物。毫无疑问，攻击性每每会被感受为与挫败感相关。我们会说，一个婴儿饥饿时，会"大吵大闹"。但从直觉上来说，这并没有什么异常。事实上，一个婴儿获得令其满意的进食后，应充满了幸福和爱意，这从直觉上也是可以理解的。我们没有道理去反对两种反应中的任意一种——满足后迸发的爱意，或挫败后滋生的恨意。两种反应都是与生俱来的，并在根源上与身体相连，且从婴儿出生起就存在了。某些特定客体或事件引发了勃勃恨意，这是稀松平常的；而某些客体或事件激发出热爱与温存，这也是普通寻常的。我认为我们不太可能反驳克莱茵对死本能的理解——但是，她所谓的"本能"不见得就包含了弗洛伊德提出的本能概念中完全的能量性。

*　*　*

如我在第一章中指出的，克莱茵的关注焦点是儿童的精神痛苦，而非本能驱力和能量。她由此开启了不断的探索与尝试，试图细化对焦虑及其各种表现形式的理解：

1. 俄狄浦斯情结的痛苦蔓延到了生活的各个方面，包括思考和学习；

2. 克莱茵认为，对俄狄浦斯伴侣的感知可能有多种表现形式，包括产生一种令人恐惧的混合怪物形象——"联合父母形象"；

3. 克莱茵后来认识到精神痛苦不仅是俄狄浦斯冲突，而且在本质上包含了爱与恨的冲突；

4. 她也意识到，不仅仅是心理上的内容会造成痛苦，对心理结构本身陷入危险、经历严重的贫瘠化和瓦解的恐惧也会造成痛苦；

5. 进入抑郁位置的痛苦，会让人有一种强有力的回避倾向，以否认重要客体的重要性——这种防御策略被称为躁狂防御；

6. 另一种常见的极端回避手段是把所有心理（以及躯体）的痛苦归结为身体原因；

7. 在所有这些形式中，克莱茵将精神痛苦追根溯源到爱与恨的平衡，以及建立稳态的困难上。

第八章　温尼科特的攻击性概念

简·艾布拉姆

核心概念

·客体使用　·客体幸存　·担忧阶段　·崩溃的
恐惧　·沟通　·依赖　·母亲的镜映角色　·创
造力　·游戏　·无法想象的焦虑　·原始极端痛
苦　·反社会倾向

在温尼科特的作品中，对精神痛苦的理解与环境失败发生的
时间暨发展阶段相关联。1962年，温尼科特勾勒出和依赖相关的
六个阶段，呈现了特定发展阶段环境失败可造成的后果，以及可
能会产生何种精神健康问题：

1. 极端依赖。在此时，环境条件必须足够好，否则婴儿无法
开启与生俱来的发展过程。

环境失败：非器质性心理缺陷；儿童期精神分裂症；生命后
期精神疾病易感性。

2. 依赖。在此时，环境条件的失败会造成创伤——但至少已经存在一个能被创伤的人了。

环境失败：心境障碍易感性；反社会倾向。

3. 依赖-独立混合。在此时，儿童开始尝试独立，但仍然需要能够重新体验依赖。

环境失败：病理性依赖。

4. 独立-依赖。此阶段和前面一个阶段类似，但其重心在于独立。

环境失败：违拗；暴力的冲动行为。

5. 独立。此时已经有了一个内化的环境——孩子有能力自己照顾自己。

环境失败：不一定有害。

6. 社会意识。发展到此时，意味着个体能够认同成人、某个社会团体或社会，但又不会损失太多自身的自发性和原创性，或摧毁和攻击冲动，而这些冲动在此刻理应已可以用令人满意的置换形式来表达了。

环境失败：部分责任在个体自身，此时他／她已为人父母，或在社会中担任某个家长角色。

这个列表再次展现出温尼科特认为环境对于某些类型的精神疾病所应承担的责任。"失败"意味着婴儿在精神上遭受创伤。失败发生得越早，对于婴儿精神健康的损害就越具有灾难性。因此，等同于精神痛苦的"精神创伤"和父母的失败尤为相关（如第四章中我们所见的两种关联模式）。

温尼科特在生命中最后十年所做出的最重要理论贡献是我在第二章中谈到的"客体使用"（1969a）概念。在其他文章中，我曾提出这是温尼科特关于攻击性的最终理论（Abram，2012a）。之前已经澄清的一点就是，温尼科特和许多弗洛伊德学派学者一样，并不同意弗洛伊德"死本能"的理论。梅兰妮·克莱茵对死本能概念的发展最终和弗洛伊德的本意不同，这对于学习精神分析的人而言可能是容易混淆的（见术语表）。我认为，温尼科特提出了一个非常不同的理论以解释个体如何应对其天生的攻击性。如前文所述，温尼科特认为生本能由一种良性的攻击性所驱动，也可以说是一种生命力量或能量。

因此温尼科特认为，婴儿体验朝向客体有力运动的方式——例如胎儿不自主地踢踹子宫，会依据母亲对踢踹的反应而对胎儿的身体-自体的主观状态产生不同效果。她可能认为胎儿故意要来为难伤害她，也可能认为发育中的胎儿还不能知道他正在踢踹，进而在认识的基础上做出回应。

温尼科特的这部分工作，即婴儿内在攻击性冲动如何在人格发展中发展，在他《客体使用》一文中得到了解答（Abram，2012a，p. 308）。他用理论建构了一系列新生儿进行客体关联的过程，并展示出在从客体关联到客体使用的旅程中，环境的角色和促进性作用；而客体使用带来的"发展里程碑"的重要性等同于解决了俄狄浦斯情结（弗洛伊德所说）和达成了抑郁位置（克莱茵所说）。这篇论文的主旨就在于"摧毁"和"幸存"的议题。他写道：

> 在主体关联客体之后，便是主体摧毁客体（随着客体变成外部客体）；然后，"客体幸存于主体的摧毁"有可能发生……因此，客体关联理论现在有了一个新特征。主体对客体说："我摧毁了你。"而客体就在那里接受这个沟通信息。从现在起，主体说："你好啊，客体！""我摧毁了你。""我爱你。""你对我有价值，因为你幸存于我对你的摧毁。""我爱着你，但与此同时我在（无意识）幻想中时刻摧毁着你。"至此，幻想对于个体来说开始存在了。主体现在可以使用幸存下来的客体。（Winnicott，1969a，p. 713）

从第二章起我们就看到，精神环境的质量才是婴儿发展的关键。但这并不意味着婴儿自己没有任何贡献。遗传倾向性和生物驱力，亦即内在的自体保护本能（如弗洛伊德最早所提出的），将开启婴儿发展，并对母亲／他者有重大影响，而后者对于婴儿尚且粗糙的情绪可以有无数种反应方式。所以温尼科特认为，婴儿的精神痛苦由被婴儿内化的失败环境所导致，这不同于克莱茵的观点——她认为婴儿的精神痛苦由内在死本能（或摧毁性驱力）造成的焦虑所引起。

我曾提出，正因如此，"客体使用"的概念成了一个攻击性理论。而温尼科特强调并揭示出，关联架构起自体核心的是客体，而非弗洛伊德所说的本能。

在其非常晚期的文章中，温尼科特试图说明，尽管他承认力比多驱力和攻击驱力在精神分析理论中的重要地位，但他想要指出，通过广泛的临床经验和"仔细地研究"，他有证据支持"存在着一个阶段，一个早于融合概念有意义的阶段"（1969b/2013，p. 293）。他说，第一个驱力（潜在地）"具有摧毁性"，就像火一样。而经由"客体幸存"，婴儿能够从客体关联过渡到客体使用。"幸存"究其根本而言意味着客体不会报复（Winnicott，1969a，p. 714）（见术语表）。

小 结

表4　精神痛苦

	克莱茵	温尼科特
俄狄浦斯情结阻碍发展	她的最早期作品有所涉及	同意弗洛伊德对俄狄浦斯情结的建构，即它发生在更往后的时期——但将之扩展，指出它是一个发展阶段，并不会必然发生
精神痛苦来自对所爱客体的爱被对其的恨所威胁	抑郁位置	当环境母亲和客体母亲被视为同一个人时，个体就到达了担忧阶段
心理结构本身受到威胁	痛苦是因为失去了理智	精神痛苦根源于早期精神环境的缺陷——过早失去母亲/他者却无法消化
通过对重要客体重要性的全能感的否认来回避抑郁性焦虑（躁狂防御）	全能感是继发性的	全能感幻象并非既定事实，只有在母亲奉献贯注时才能发生；缺乏母亲的早期贯注可导致后期防御性的全能感
与身体的关系	将之体验为一种内部客体的叙事	整合的"精神安住躯体"来自一个真实的、足够好的母亲的抱持、处置和客体呈现；缺乏足够好的开始会导致身体-精神之间的解离

对　话

欣谢尔伍德：好，看完你写的第八章后，我再次来谈谈我立马想到的两个要点。第一个要点与婴儿和环境之间的责任感有关；第二个要点则关乎何谓"与生俱来"。但我也意识到两个要点都涉及另一个问题，而这个问题并不总是能得到澄清，那就是我们从谁的视角来看问题，以及是否能一致地从这个视角看事情。

在所有你引用的那六个阶段中，温尼科特似乎都在强硬地声称环境才是起决定作用的因素。的确，婴儿真实且几乎完全地依赖着提供照护的母亲。而母亲——也许带着些许矛盾情绪——能感受到这一点。照顾孩子对母亲而言，既是一件极为辛苦的事情，也让母亲的生活有了非常重要的意义。我不能代表母亲来讲述她们的体验，而只能说这是我的理解（基于我是四个孩子的父亲）。我想到的一点便是，责任也许无法那么简单地被划分。当婴儿出生后，环境的确有责任；我理解的温尼科特不同于克莱茵，前者认为婴儿一开始的体验是他能全能地获得一切，因此当乳房送来的时候，婴儿感到是他创造出了乳房——这是他的责任。这里触及了"视角"问题。不同的参与者对于谁为此负责会有不同的回答。

不仅如此，从一个客观的视角来看，婴儿事实上也要为喂养负起一部分责任——通常，婴儿通过啼哭来宣布他需要进食。接着就是母亲的责任了，她需要负责喂养婴儿（如果她是个不负责的妈妈，则会在此处失败）。从母亲的视角看，这是一系列相互协商的步骤，母婴二人真实地分享喂奶的责任。接着，温尼科特从观察者中立、客观的立场和视角来看，指出母亲的责任是回应或不回应，而婴儿的责任是告诉母亲到什么时候差不多该喂奶了。我不太肯定，这么多差别迥异的视角是否都很重要，但可以肯定的是，从一个视角来描述这个过程则确实很重要——我们不能够来回转换视角而不说清楚为什么必须转换。

当然，认为存在一个完全依赖阶段的温尼科特可能会说，婴儿并非真的能为自己的啼哭及啼哭所激发的母亲的觉察和催乳素负责。啼哭只是婴儿饥饿时的自动化反射。这就牵扯到"与生俱来"这个问题了。也许，婴儿是为啼哭而感到负有责任的，而这其实也是温尼科特所强调的——婴儿感到自己全能而有力量，能引发一切事情。那么凭直觉来说，以下这一点也是有可能的，即尽管婴儿的活动和行为是条件反射，他仍然有种自己为自己做了些什么的体验。这么早就能有能动感能力也许不是合理的，但既然我们对比的两位主人公都同意婴儿有责任感，这就不是二人之间的争议点。但温尼科特确实需要明确他用来解释这一过程的视角——他什么时候从婴儿视角出发（全能感，为一切负责），或者什么时候站在观察者的位置上（完全依赖母亲，母亲负全责）。

我不知道是否说清楚了这个模糊的情况。概括地讲，温尼科特声称第一个阶段是完全依赖的——视角1，以及婴儿感知到全能感——视角2。我们需要厘清的是什么时候使用视角1，什么时候使用视角2。更明白地说，依赖-独立阶段在观察者看来是完全依赖的，但等到了下一个发展阶段，我们会发现视角似乎变了——现在婴儿的视角更重要了——在婴儿看来，现在要挣扎着接受一定程度的依赖。我理解的对吗？

现在再来看看克莱茵。克莱茵和温尼科特一样，都认为婴儿是有责任的，因为从婴儿视角来看，他就感觉他有责任。但是克莱茵认为，婴儿感到的责任和那种全能感不同。婴儿感到他拥有一种旨在保存自身生命的能动性——通过饥饿、进食，以及所有从"好"母亲那里得到的日常照顾表现出来。此外，他也感到有责任去应对那些来自坏客体的、导致他不舒服的侵入性憎恨，因此他就必须尽其所能力去挑战和征服那些坏客体。克莱茵认为，婴儿的责任是能动责任。坦率地说，这也再次突出了坚持一个视角的必要性。

我想，我关心的不仅是双方使用概念的差异，还包括这些概念如何在现实中被使用。我是否跑题了？我肯定你会帮我重回主题。

　　既然我们现在谈论的是和精神痛苦有关的视角，那么我想通过提问来表达一个要点，即这个痛苦是谁的。克莱茵认为，病人，尤其是那些困难的病人制造出一种情境，导致关系双方都承受痛苦。在20世纪四五十年代，当温尼科特正在对照克莱茵的概念去梳理他的观点时，克莱茵则在关注与精神分裂症患者工作的精神分析师所体验到的反移情。她在国际精神分析协会大会的一次发言中对此有所提及。

　　　　现在来看看精神分裂症患者，在一些案例中，他们的确是危险的，即便已经采取了保护措施，分析师对其敌意的害怕无疑仍然会对自身反移情产生影响。而那些不具危险的精神分裂症患者也可能把其沉默、不配合并深具敌意的态度投向分析师，此时分析师的反移情也有消极倾向。（Hinshelwood，2008，p. 111）

　　接着她谈到了非常重要的一点，即病人会使用包括投射性认同在内的极端手段，从而利用分析师本身的人格来应对其痛苦。

　　　　（他们）能引发分析师非常强烈的负性反移情感受。分析师可能感到疲倦、想要睡觉，可能因为感到被病人的侵入所袭击而想要抗拒这种侵入。我认为，相较于其他原因，这一事实才是在这种情况中，分析师倾向于以安慰病人、尝试激发病人正移情、不触碰病人最深处的焦虑等方式来改变局

面的原因。（Hinshelwood, 2008, p. 111）

不过，我想你肯定也知道罗杰·莫尼-克尔1956年的一篇论文中的案例——案主绝非精神病患者，但是他有着一个严格的超我，这让分析师在一个小节的治疗结束后感到自己一无是处。

　　一个偏执和分裂机制占主导的神经症患者，一次来做分析时充满焦虑，因为他无法在其办公室里工作……（他）抱着越烧越烈的愤怒，否定了我所有的解释；与此同时，他指控我帮不了他。在这个治疗小节结束时，他不再处于人格瓦解状态，而是非常愤怒，以及充满蔑视。现在我感到百无一是、困惑不解。（Money-Kyrle, 1956, pp. 362-363）

克莱茵意识到，病人的痛苦是病人和分析师双方都要去应对的问题——而且最好是同时去应对，尽管双方都期待对方独自去做这件事。

克莱茵应对精神痛苦的技术与方法指向一个重要论点，即分析师在情感上深度联结着病人。这一观点损害了关于分析师经典看法的权威性。在对分析师的传统观点中，分析师始终保持中立而岿然不动——如同弗洛伊德所说的外科医生，"将自身感受、甚至人类的同情心都放在一边，倾其所有心理力量，关注唯一目标，娴熟完成手术"（Freud, 1912e, p. 115）。关于反移情问题，更著名的学者是克莱茵曾经的追随者宝拉·海蔓（Paula Heimann），她在1950年曾令人信服地指出，反移情是理解移情的重要手段。克莱茵并不看好海蔓的观点，因为她认为，"如此扩展（反移情的使用）可能会打开一扇闸门，令分析师将自身缺陷及困难归咎于病人"（Spillius，1992，p. 61）。克莱茵在1958年和一些学生的录音访谈中说了这番话。她还讽刺道："我从未发现反移情能帮助我更好地理解我的病人。如果我这样使用反移情，我会发现我更好地理解了我自己。"（Spillius，2007，p. 78中引用）但公正地说，海蔓确实也认同这种对反移情被滥用的担心——她在1960年的一篇论文中表达了这一担忧。

精神痛苦该如何由关系双方来分担一直是个举足轻重的议题，而它所引发的精神分析技术的发展一直都是人们关注的焦点。克莱茵去世之后的理论技术发展并非本书的主题，但值得指出的是，这些发展其实是从克莱茵就开始的。很明显的，她在广泛传播观点——或者说在她的圈子之外传播自己的观点时，表现得非常谨慎，这可能也和她与海蔓分道扬镳有关。克莱茵把理解精神痛苦在人际间起伏变化的工作留给了后人，而莫尼-克尔在1956年的论文中接过了这项任务。

艾布拉姆： 我在阅读你对我第八章的回应时，首先注意到，我可能没有足够清晰地说明我的要点。于是我重新阅读了一遍我写的那一章，然后感觉我已经很明白地说清我想要表达的观点了！这让我想到，你对我那章内容的误解（之后我很快会提到）也许和包括温尼科特在内的许多克莱茵的批判者对她关于婴儿看法的误解有关——新生儿被赋予了太多发展任务。我想也许这就是我们难以彼此理解的地方。因为在我看来，依照克莱茵理论的逻辑，你也赋予婴儿比温尼科特所见更多的高级功能。这与你之前提到的关于"责任"和"与生俱来"关系的前两点相关。另外你还提到理论中是否应区分主体和观察者。我将就你评论的三点进一步做出回应。

你提到在温尼科特的理论中，"环境是起决定作用的"，这一点是正确的，也正是我从第二章起就想要阐述的重点。而我认为这也是温尼科特直到生命中最后一篇著作都在建构的理论核心。你沿着这条线索，指出你能够理解环境（母亲/父母）要为婴儿的发展负起相应责任，因为此时婴儿处于极端依赖状态（如我在第八章引用温尼科特的文献中所说）。顺便一提，我并不认为照顾孩子对母亲而言就一定是个"负担"。"负担"一词可能更适合描述在精神上还未准备好迎接孩子出生的母亲。当然，由于婴儿自身及生活的变化多端，新晋母亲也必然会在某一段时期感到肩负重担，因为这项责任从一开始就如此艰巨。但只要她有足够的支持，"负担"感可能就会被消除。换言之，我不认为母亲感到有负担是"正常"的，也不认为她对婴儿的情感一定就是"矛盾"的。

接下来你提到，你理解温尼科特说的"婴儿一开始的体验是他能全能地获得一切，因此婴儿感到这全都是他的责任"。我认为这里包含了对（我想要说明的）温尼科特所言的误解。感到"在你需要某个东西时就得到了它"和感到有责任之间是有区别的。感到自己是神其实是一个（全能感）幻象。而幻象与"妄想"不同。我认为温尼科特想说的是，母亲"适应婴儿需要"的能力促进婴儿感到他是神，而这种感受恰恰是想象力的源泉，是游戏能力的根基，也是婴儿相信自己能在人际关系上做出贡献的出发点。

让我再来谈谈精神分析语境中一些特定术语的含义。温尼科特使用"全能感"这个词来指代婴儿体验到的一种有力量的感觉——他不是为了力量而求力量，因为在这个阶段，婴儿还根本做不到想要有力量。也许一个更好或更贴切的词是"能动感"，即婴儿感觉——当他需要什么的时候，他是有能动性的。这种感受开启并指向了一种信任感，让婴儿相信自己可以从外部世界（环境）中获得所需之物。

混淆可能来自在克莱茵术语系统中的"全能"一词。据我理解，它总是和精神病理现象相关联，通常是指一种防御性位置。在这个位置上，病人变得"全能"以防御自己渺小和依赖的感受（见术语表）。

在温尼科特的理论体系中，婴儿之所以还无法"感到有责任"是因为他还没有发展出一种担忧的能力——我想再次强调"还没有"这个词。因此，"感到有责任"是温尼科特宝宝在发展后期才会出现的事儿。担忧阶段发生在相对依赖期（4～6个月，和克莱茵的抑郁位置相对应），此时婴儿真正发展出了罪疚感，同时发展出了控制欲望的能力（Abram，2007a，pp. 101–113）。

当你谈到克莱茵时，你指出她认为婴儿对"那些来自坏客体的侵入性憎恨""感到有责任"。基于你之前的章节及我对克莱茵理论的了解，我产生了一种印象，即好客体与坏客体都是与生俱来的——不是如你所强调的生物性的，而是精神性的。温尼科特则可能会申辩说，对于新生儿而言，"好"和"坏"还没有被整合进其情绪词汇。

再来看看何谓与生俱来、何谓后天形成的问题。温尼科特确实提到过每个婴儿都携带着"遗传倾向性"来到世界，并且他认可将之作为一种"驱力"的生本能概念。之后，他提到过"原初创造性"，我认为这是他对弗洛伊德生本能概念的进一步深化和加工。它扩充了精神这一维度，也相当于扩充了所有精神病理；在温尼科特的观点中，精神病理现象是环境失败的结果——这在第八章开头的六个阶段列表中已经展示出来。

温尼科特提到促进性环境，他的意思是与生俱来的创造性驱力必须在促进下才能成长。他甚至做了一个类比，即植物球茎需要特定的条件才能生长、发育、绽放。这虽是个简单的比喻，但确实形象地指出，如果没有恰当的条件（例如原初母性贯注），球茎（新生儿）的潜能便无法发挥，甚至有可能遭受扭曲（精神病理）。在我的印象中，克莱茵的理论并没有像温尼科特的理论这般突出强调这一点。

　　现在再让我来谈谈视角问题。你强调克莱茵总是从婴儿视角看问题，同时你提议应在讨论时保持视角一致。我认为这对我很有帮助，因为我怀疑这可能就是克莱茵的作品有时候看起来令人迷惑不解的原因，即她使用的语言及她特定的关注点。例如，"邪恶"这一术语的使用暗示出她相信"邪恶"存在。但也许你想说的是，她之所以使用"邪恶"是因为婴儿相信"邪恶客体"的存在——而非"邪恶客体"就真的存在。我理解的对吗？存在与生俱来的"邪恶"，这一点与死本能概念有着相似性。而死本能在克莱茵及后克莱茵理论中与负面情绪息息相关，不是吗？我需要补充的是，通过我们就这本书的合作与对话，我现在能够理解，对克莱茵而言，"死本能"并非弗洛伊德经济学理论中的一个驱力。然而，正如我已指出的那样，看起来克莱茵确实在说，自婴儿出生起，好客体和坏客体就已经存在了。换句话说，它们是与生俱来的。

　　关于视角，我还想再多说一句。我认为温尼科特在观察者视角和婴儿或病人视角间的切换其实对我很有帮助。因为它从两个视角增进理解，而这种理解对分析情境中的工作至关重要。例如温尼科特提到，反社会倾向是希望的表征，他也展示出，这种倾向性会去激惹环境、刺激环境以惩罚做出反社会行为的个体。但是，他进一步解释，这种倾向背后的动机是内部剥夺。病人的"见诸行动"蕴含着一条无意识信息，亦即分析师能够识别出病人由于曾经的环境失败所经历的内在挣扎与痛苦——这样，分析师面对反社会行为时能更好地反射与思考。举个日常分析性治疗中的例子，即病人总是忘记付费！因此我认为，对分析师而言，很重要的一点就是能够从观察者视角——病人不服从设置，激发我们内在的负面感受——调换到病人视角进行理解，即病人有一股内在驱力，要通过迫使环境反应来重复过去的创伤。我认为这就涉及了我想说的最后几点，这也和你引用的梅兰妮·克莱茵及罗杰·莫尼-克尔的引言相关。再一次地，我发现你引用的文献澄清了我们之间不同的立场——你来自克莱茵的参考框架，而我则从温尼科特的理论视角出发。

你前文中关于梅兰妮·克莱茵的两段引文谈到了她和精神分裂症患者工作时体验到的负性反移情感受，我在过去三十年的临床实践中也深知克莱茵所言为何。然而，我可能不会说我的这些体验是和被诊断为"精神分裂症"的患者工作时产生的。我认为有必要对"精神分裂"这个术语做出进一步的解释。克莱茵所指的是——如莫尼-克尔所描述的——那些偏执和分裂机制占据主导的病人，还是那些在精神科被诊断为精神分裂症的病人呢？

我个人对这些负面情绪的体验来自我和那些我称之为"边缘性"病人的工作。"边缘性"一词所指的是这样一些病人，他们在分析情境中展露的迹象表明，他还处在相当表浅（literal）的功能运作水平，也不具备担忧的能力，因此常常区分不清"我"和"非我"——虽说他们也有一定的自我功能。这些病人很难将移情关系当成"错觉"来使用，而倾向于发展出"妄想性移情"。但我同意梅兰妮·克莱茵的重要一点就是，不要去"安抚"（reassure）病人。而我在临床工作中总是尝试去接近病人通过活现及再现所要沟通的最深层焦虑。我曾经写到过一个案例——病人暴力性的行动导致我几乎要结束治疗。在那篇论文中，我试图展示出，当我在他攻击一段时间后，仍然幸存并能够解释其最深处的焦虑时，他得以摆脱其妄想性移情并继而开始寻常的分析性工作（Abram，2007b）。

让我再来对莫尼-克尔的简短引文做一个评论。读到这部分的时候，我承认我心头一沉。那段话中似乎包含着分析师指责病人的意思。除此之外，分析师似乎也在指责病人不接受（或不理解）分析师的解释。至此，我们就触碰到了对克莱茵临床工作方法长期以来的批评。

我想，分析师可能常常感到病人不愿意接受他们提供的那些有帮助的解释，因为"分析师是好的"似乎是个假定事实。但是在我看来——这不仅仅是追随温尼科特的方法，也基于我在精神分析取向心理治疗及精神分析上受的训练（我相信来自其他学派的许多分析师都会有同样的看法）——如果病人让分析师感到自己毫无用处，那么这意味着他成功地让分析师知道了他在移情关系中的感受。这难道不能更好地解释莫尼-克尔对病人移情产生的反移情吗？这不也是"延迟影响"（如斯特拉齐所解读）的一个绝好例证吗？如果莫尼-克尔能继续描述这个案例，讲述他如何使用自身的反移情去触碰病人在这样的防御性反应中必然体会到的深层焦虑，那么他才是听从了你之前引用克莱茵两段话中的倡导。我的观点是，如果一个病人对我生气，让我体验到那种感受，那么这意味着作为他们的分析师，我还没有"分析"到需要被分析的内容。我将其命名为"复活未幸存客体"，而所有的分析都需要经历这个过程，因为它是移情中自带的一部分（Abram，2005）。

最后一点涉及你引用的克莱茵的最后一段话。我认为所有当代分析师，无论来自哪个理论流派，都接受与病人进行"深度情感"联结的训练。你提到，弗洛伊德的视角暗示了分析师要站在一个中立的位置上，并认为这等同于"不被扰动"。我的理解是，尽管这种说法出自弗洛伊德本人，但是弗洛伊德著作中又有太多地方否定了你的解读，并且我也相信许多经典／当代弗洛伊德学派的分析师对此都非常不认同！分析师必须在（偶尔）感受到深深被扰动时仍能保持中立（留存心理中观察的部分）。这是成为一个分析师最基本的素质之一。我认为婴儿观察——这个英国精神分析协会训练中的临床工作前奏曲，是分析训练重要的组成部分，能帮助我们发展一个能力，即让我们即使感到焦虑混乱仍然能持续"观察"。我相信你是同意这一点的。

似乎有必要再提一下，克莱茵说，她发现反移情并不能帮助她更好地理解病人，反而会帮助她更好地理解自己。乍一看，这好像和她之前的两段话相矛盾——前面她提到了被精神分裂症病人所引发的负性反移情。你能否对此做出澄清？我记得莫尼-克尔旨在突出病人不接受他的好解释这个问题，而并没有看到病人的反应其实和分析师本人的方式有关，这让他无法和病人深层焦虑同频并在此基础上做出回应以让病人感到被理解。尽管我知道这说起来容易做起来难，但无论如何分析师还是要努力向病人展示并让他们知道分析师的的确确是在尝试理解病人的最深层焦虑。我认为温尼科特不仅倡导这种工作方式，也进一步发展了这种方法。

欣谢尔伍德： 简，感谢你澄清了很多问题，也感谢你提出要求我澄清的问题。尽管我认为我们的对话非常有收获，但我们对话中的一个困难之处在于我们都很难摆脱一个理论家是"对的"而另一个是"错的"这样的思维模式。因此当我们中的一方想要让事情更明晰时，另一方多少会有些反应过激。但我认为我们也在非常努力地去理解对方的立场，而不仅仅是告知对方自己的立场却不和对方探讨——相比之下，前者则更为容易。所以，在说了前面这些的前提下，我将会再来讨论我感觉我们还对对方有误解的几点。

第一个问题是，婴儿在其感知和行为上到底能有多复杂。当然，关于这个问题，我们不可能非常确切地知道婴儿的情况，但我想我们都同意的一点就是小宝宝可能从出生起就开始体验了。温尼科特可能会说一个小婴儿体验到"全能感幻象"，而克莱茵则可能会说一个小婴儿体验到好的感觉和坏的感觉，并（从客体关系角度）为其赋予一个意义。这些原初体验在分析师成人的头脑里形成了不同的概念。我不太确信自己是否真的能判断在哪种情况下婴儿更为复杂。假如说婴儿是由其生理解剖"编程"而可以体验到满足和不满足感受的，那么这其实就不是那么高级。但是在克莱茵的视角下，婴儿还被赋予了"解读"来自某处感觉的能力——某处指的是自身之外的某处。这就更为高级了。但是，这会比说婴儿通过全能感幻象达到自我满足更为高级吗？

我过去十五年间的经历对我影响甚深，它也帮我厘清了我一直在思考的一些事——与生俱来的生物性可以是很高级的吗？之前，我和妻子开始养马，我们有几匹马驹——总共六匹。为了照顾这些马匹，我努力在头脑中搜寻多年前我在医学院学习的妇产科知识。最让我感到惊讶的就是新生马匹从出生起就开始了探寻——在出生后的40～45分钟内，它便开始寻找母马的乳头。这对于马驹来说并不是件容易的事情，为了找到乳头，它需要站在母亲身下，并使用自己的四条腿支撑身体。马驹的母亲没有灵巧的手指，不能把乳头送到它嘴边，所以马驹必须主要靠自己的力量完成这一切——这个过程包括发现可以使用自己的腿，伸直腿站起身来，摸索着找到平衡，用嘴唇、鼻子探索，找到乳头并定位到正确的位置（通过感觉和嗅觉，也可能有视觉），然后开始吮吸。马驹似乎天然地知道乳头会在母亲某一条腿下方的某个角度上，因为有时候它会站错位置，在不对的那条腿下翻找，例如在前腿而不是在后腿处寻找。在我看来，所有这些都是相当了不起的成就，而且，都毫无例外地在出生后一小时内就完成了。

　　我想要说的是，如此原初的成就中一定包含了大量生物性因素。人类婴儿也要取得类似的、尽管相对简单的成就，即使是在朝向乳头的吮吸反射中也仍然存在着生物性力量。照顾新生马驹的经验让我认识到，在特定生物性中存在着相当高级的机制——即使是在被认为不如人类高级的哺乳动物身上。因此，基于"太高级"的论证很难让人信服。更有效的论证应该是质疑在这些生物性反射活动发生时，婴儿（或马驹）是否会体验到在做这些事情——但我想在这一点上我们立场一致，即都认为婴儿从出生起就能够体验。

　　你提到，关于责任的问题可能更适合从能动性角度去理解，我想你可能是对的。婴儿体验到自己赶走了坏感受（例如饥饿、寒冷等），以及吸入了好感受（如饱腹感），这种能力可被视为能动体验——尽管我是从克莱茵学派的幻想角度来谈，但能动感应该和温尼科特所见的全能感幻象相差无几。

　　接下来你区分了生物性的与生俱来和精神性的与生俱来。如果我的理解是正确的，那么我认为这种区分相当有趣。我之前没有想到过这样的区分。克莱茵学派理论中的一个基本假设便是，与生俱来之事（例如，本能）也是作为无意识幻想在心理层面表征的。你知道，这也是苏珊·艾萨克（1948）所做出的主要贡献。至少在生命之初，生物表征与心理表征是不可区分的，而且我也不知道该怎么区分它们。从唯物主义角度来看——我认为克莱茵和温尼科特采用的都是这个视角——可以说精神性体验完全建立在某些物质过程、生理过程的基础上。但并不是说我们现在非常清楚这个基本的物质-心理关系。但当然,在发展过程中,心理体验确实获得了一定程度的自主性,而且心理活动确实能部分地(尽管不是全部地)摆脱生理反射的局限和束缚。这些都是深刻的问题,但也超出了我能够涵盖的范围。也许这些事对于精神分析实践而言并不那么重要。

两人的理论框架都认同,人从某个时刻起——时间起点差不多一致,即约从4个月开始——其心理体验中就注入了某种道德成分。虽然也许没必要,但我还是再次说明,克莱茵学派的观点是,当感知觉变得足够准确并能意识到没有什么是全好的时(正如温尼科特标志性的指称"足够好"),这个过程就发生了。此时会出现一个危机,即发现所憎恨的客体只是部分地坏,但同时携带着很多好的部分。克莱茵认为,对此的自我谴责以一种复杂的方式在内部做出表征,表现为与一个伺机伤害、摧残的坏客体(一个严苛的超我)的关系。你可能知道,胚胎学家C. H. 沃丁顿(C. H. Waddington)在其1942年的著作中,对克莱茵(以及弗洛伊德)的精神分析理论中如何容纳了对于"自然伦理"的理解表现出了极大的兴趣。所谓"自然伦理"指的是归根结底来自自然、生物本性而非宗教的伦理道德。沃丁顿的书引发了一些神学家和哲学家的探讨。我认为温尼科特在这一点上可能不同意克莱茵，因为他并不认为一个感受到痛苦的婴儿能够"恨它"，即恨那个作为痛苦原因的"它"。

再来谈谈关于视角的问题。恐怕我还没有彻底弄明白该如何在完全依赖（你列出六个阶段中的第一个）的观察者视角和感觉自己引起一切的婴儿视角之间转换。这两个视角——婴儿视角和精神分析师的观察视角——似乎多多少少有些不太相容。你质疑"全能"一词是否暗示了病理情况。也许在现实原则开始出现并运行的阶段确实是这样的，因为此时全能感成了一种自主选择的幻象。但是你也提到，对于这种不符合发展阶段特点、在发展后期出现的全能感幻象可以采取两种态度，一是从诊断上称之为病理现象，二是尝试去理解个体究竟在和什么样不可承受的痛苦斗争以至于有必要陷入这种幻象状态。我有个感觉，温尼科特可能不会同意你的说法，而是要加入第三种可能性。的确，我们时刻都会使用幻象，而这些幻象并不具病理性，当然它们也不是绝对现实的。1929年超现实主义画家勒内·玛格里特（René Magritte）画了一幅名为《图像的背叛》的画。画中是一个烟斗的图像，图像下方写着"这不是一个烟斗"——的确，这并不是一个烟斗，而是颜料和画布。事实上，这种表征的模棱两可正是所有文化和文明的基础。关于这一点，我想温尼科特已经在他的文章《文化体验的位置》（1967a）中做出阐述。他是在追随西格尔（1957）对象征的理解吗？

当个体将重点放在外部世界时，很自然就会出现"正常"的概念。毕竟如果是从一个更为内部的视角出发，"正常"一词毫无意义，因为对于一个还不"知"外部世界为何物的婴儿来说，"正常"就是所有"存在"（从婴儿视角来看）之事物。当然，这并不是说克莱茵学派没有"正常"的概念，只是这个概念不那么常用。

你提到的对莫尼-克尔案例的反应，也许恰恰能说明问题。你看到案例描述后感到心头一沉，但我对这些文字的解读不同于你。简，我并不认为莫尼-克尔真的在说他的解释是"好的"，他只是在使用一种自嘲的口吻。我的理解是，他犯了错误，而病人需要借分析师的错误来沟通一种无用感。用他自己的话说，分析师的失败是因为他直到治疗小节结束后才理解病人所沟通的内容。使用精神分析行话来形容所发生之事，便是"无意识对无意识沟通"。而我认为莫尼-克尔对自己的失误感到惋惜。很抱歉我之前没有讲清楚。不过正如你说的，莫尼-克尔在下一节的解释中沟通些什么就很重要了。事实上，他解释说，病人在反转他和律师父亲的局面，并让分析师"受到谴责"（on the mat）。莫尼-克尔说，病人的"反应令人吃惊"。

> 两天以来这是他第一次沉静下来深思。之后他说，这就能解释为什么他昨天对我那么生气了，因为他感到我所有的解释指向的都是我的疾病，而非他的。（Money-Kyrle，1956，p. 363）

　　莫尼-克尔同意病人对于分析师"疾病"的评估。我希望以上说明能够澄清克莱茵学派分析师体验被病人所赋予角色的努力——在这个案例中，分析师得了无用之病，而病人的这个观察并不全是虚假的。我想，对于温尼科特而言，分析师是在通过"充当"允许全能感幻象的母亲来实现角色赋予。这样的理解准确吗？

　　我非常同意你的一个观点，即我们在使用语言方面需要很谨慎，因为两个流派的分析师都演化出了各自的术语和专有名词，但没有充分考虑到不同体系之间的转译。这也是我们在此为之努力的事情。我怀疑我们可能做得还是不够好，但希望这至少是一个开始。

　　艾布拉姆：我同意，当我们彼此要求对方进一步解释概念时，这有助于我们进一步理解和澄清这些概念。我也承认，人们很容易认为自己完全有道理，问题完全出在对方身上！

　　你提出了几点内容，接下来我将根据我所认为比较重要、需要进一步剖析的内容再进行回应。

　　的确，谈到温尼科特和克莱茵对发展的理解时，如果陷入谁对谁错的争论是件很危险的事。这也是我们想要尽可能避免的主要陷阱之一。但是，当我们的确感到两人中的任何一方出现错误时，我们都必须感到可以开诚布公地讨论。例如，温尼科特认为克莱茵对病理性心理状态——偏执-分裂位置——的描述对于和这些过程占主导的病人的工作很有帮助。而我也必须承认，在我个人的临床工作中，我也目睹过这样的过程——它清晰地展现出克莱茵所做的刻画。但是，温尼科特认为用这些机制来描绘新生儿则是完全错误的。顺便一提，我认为温尼科特在这一点上受到了爱德华·克劳福的影响。作为克莱茵的批判者之一，克劳福就说过同样的话（Glover，1945）。

温尼科特应该不会同意克莱茵的这一观点，即偏执-分裂位置是所有新生儿都会感到并体验到的一种现象，以及婴儿——用你的话讲——"大吵大闹"展现出的是极度焦虑和无助。此外，对于婴儿表现出的这种原始粗糙的感受就清晰明白地指证了婴儿认为"邪恶客体"要来杀害他的这种说法我也不能接受。相反，我可能会说，这种情况清楚地显示出婴儿不开心了，因为他正在体验着一些感觉，但他还没有发展出可以驾驭这些感觉的能力。在这里，婴儿就绝对依赖于母亲这一媒介，由母亲来翻译他此刻的需要。爱德华·克劳福及紧随其后的伊丽莎白·扎泽尔（Elizabeth Zetzel）都指出克莱茵关于"邪恶"的理论等同于宗教中的"原罪"（Glover，1945；Zetzel，1956）。温尼科特及其他许多分析师都支持这一观点。

一种视角常倾向于指出与之不同的视角是错误的。显然，克莱茵不同意温尼科特的一些观点，温尼科特也不同意克莱茵的一些观点。所以你同意或不同意我的看法，我其实都没有意见。但如果我们彼此仅仅是因为立场不同而否定对方的主张，那么我不太能接受。但不幸的是，这恰恰就是在争议性辩论及其后发生的事情。例如，尽管我认为克劳福和扎泽尔的论文对于批评克莱茵的理论很有帮助，但两篇文章中所夹带的愤怒口吻则让我感到不适。

人类婴儿到底有多复杂？

我想我们对于这个问题意见一致。克莱茵和温尼科特都认为婴儿从降生起就是主动活跃的。而我也认为，温尼科特会同意，婴儿会去"解释"自己如何被抱持、被喂养、被换洗等。事实上，我认为"全能感幻象"恰恰组成了婴儿对母亲平凡奉献的"解释"。但是，温尼科特理论和克莱茵理论的一个显著不同之处就在于，婴儿并非立刻就能识别出身体内部发生之事（例如饥饿）和身体外部发生之事（如母亲提供乳房）之间的区别。温尼科特曾说，对于婴儿来讲，本能需要"可能就像一声惊雷或者一记重击一样被感受为来自外部"（Winnicott，1960，p. 141）。这句话的意思是，新生儿一开始还没有能力区分胃部疼痛和外部噪音。只有通过母亲对其精神和身体的照顾，婴儿才能慢慢有能力辨别内部与外部。

我也想再针对"全能感幻象"这个概念补充两句，因为在温尼科特的理论中，这一幻象并非必然会出现，而是只有在母亲足够好的情况下才会发生。生命初始时，环境的"失败"意味着婴儿将不会体验到这一幻象，那么这种缺乏就会影响婴儿在后续生命中建立真正人际关系的能力。对此，精神分析的用处就在于给予病人一个机会去处理这些精神层面的缺陷。

我想再谈谈幻象和妄想的区别。幻象并非精神病性的，但妄想是。在移情关系中，分析师依靠的就是幻象的效果，然而妄想性移情则会导致极大的困难，甚至是危险，因为病人真实地感到分析师就是他／她所投射的那个客体。这也是为何评估病人是否适合精神分析性治疗如此重要。在温尼科特的语言体系中，幻象指的是心灵中的第三个领域，我们都需要依靠它来"创造性地生活"（Winnicott，1970）。

我认为，在创造性的问题上，克莱茵和温尼科特之间也存在很大不同。温尼科特的观点是，创造性并不仅仅是克莱茵理论所认为的修复尝试。这是我从西格尔的著作中所理解到的，她强调创造驱力的根源是修复性的（Segal，1957）。温尼科特在晚期作品中谈到了"原初创造性"——我提出它和一种"原初精神创造性"相关，并且是对弗洛伊德生本能概念的进一步加工。温尼科特的这一观点也不同于弗洛伊德的升华观点，后者的重心在于压抑。温尼科特认为，创造性驱力在精神意义上是与生俱来的，也因此和婴儿从出生起就如何"解释"世界有关（Abram，2007a，p. 114）。因此，我们有必要看到，温尼科特明确区分了"创造性生活"（creative living）和"创造性行为"（creative act）。一个成功的艺术家并非理所当然地就能"创造性地生活"。

生物性与哺乳动物

在你举的例子中，马驹具有与生俱来的生物性、本能性知识。我认为，一些"马类本性"也许可以迁移到人类本性上。温尼科特对于鲍尔比的依恋理论并不太看好，因为后者使用哺乳动物来阐述人类本性。尽管我同意，婴儿必须有些——如你所言——"先天固有"（hard-wired）的东西，但我认为精神分析对于精神功能更为感兴趣。例如，温尼科特（1988）所说的就身体功能的"想象性精细加工"。然而，我也认为这和说婴儿自出生起就能区分内外是不同的。从（温尼科特所描述的）他和精神病患者的临床工作来看，当他们退行到的确存在环境缺陷的婴幼儿期的心理状态中时，分析师能够判断出，新生儿不太可能具备区分内外的能力，尽管其对于内外在知觉水平上一定是有所体验的。

我们似乎都同意，婴儿很早就能感受到能动感。但我需要补充说明的是，这种能动感有赖于足够好的环境——否则婴儿的能动感就会有缺损。如果让我回想在分析过程中处于偏执阶段的被分析者的例子，那么我可能会说他们并没有能动感体验，而这也可能正是他们为何如此偏执的一个重要原因。因此，我们可以再一次看到，温尼科特在健康的人生起始和不够好的、导致精神病理的人生起始之间做了明确的划分。

与生俱来的生物性与精神性

温尼科特曾经提到过"精神安住躯体"和"精神躯体统合"。这些术语描述的是心灵和身体以被他称为"人格化"的方式所整合的过程，而婴儿只有在抱持阶段得到了母亲的"照料"才能够实现人格化（Abram，2007a，p. 263）。在我看来，这似乎暗示出温尼科特同意克莱茵关于生命初始期就存在无意识幻想的观点。但就像我之前说过的，婴儿的精神是否能够和躯体整合还有赖于母亲。温尼科特提出，如果在生命初期，缺乏足够好的"抱持与照料"，那么就可能导致婴儿出现心灵−身体的解离及一种失人格化状态。

温尼科特确实承认并认可克莱茵的抑郁位置理论，就此我之前已有阐述。不过在他的晚期作品中，他修正了其中一些元素，开始强调婴儿发展过程中"担忧能力的发展"。就道德发展而言，温尼科特的确写过一篇论文《道德与教育》（1963c），并在该文中指出，除非一个孩子从早期亲子关系的成功中已经获得了一种道德感的"能力"，否则灌输给孩子道德观念就是无意义的。这篇论文中提出的主题可以很好地对应沃丁顿关于"自然伦理"的论述。

幻象与想象力

你提到幻象不具有病理性，并举了玛格里特"这不是一个烟斗"的例子，我想这正是温尼科特想要传递的信息。在第六章中，我提到了"理论首次喂养"，指出它与婴儿想象力的开启和发展密切相关。没有幻象，就不会有艺术、戏剧、创造力、文学，也不会有精神分析。在精神分析治疗小节中，我们依赖病人在移情关系的幻象中游戏的能力——尽管对于很多（边缘性）精神病患者而言，这种游戏能力也许若即若离。

我很高兴你进一步解释了莫尼-克尔的文章，但也许这个过程恰恰说明，在解释某一种工作方法时我们需要格外审慎。继续探讨这个案例可能会有更多收获，不过我想这也许已经超出了本节对话的范围。

欣谢尔伍德： 我想简短地说一件事，是关于你提到的最后一点的。我感到有趣的是你说你着实费了一些时间才意识到"邪恶"其实是婴儿话语。你也提到你感到是克莱茵本人将邪恶这个特质赋予了婴儿／病人。这说明，确实存在一种看法认为克莱茵是无比具有迫害性的、如同女巫般的。很奇怪的是，为何她（或任何分析师）能被建构成如此具有神话色彩的坏客体——这几乎让人不得不相信偏执-分裂位置了！我们在附录中一定要写下我们对对方立场的幻化与误解。

艾布拉姆: 鲍勃,请让我继续澄清问题。我的意思不是说我认为克莱茵本人是个邪恶的女巫! 而且——我想在这一点上不仅是我一个人有这样的想法——她的文章及许多克莱茵学派精神分析师的文章的确传递出一种婴儿生来就因为"内在死本能"而携带着内在邪恶的信念。我前面提到过,爱德华·克劳福和伊丽莎白·扎泽尔等人都以这种看法来阐述克莱茵的发展理论。但我也提到,他们的语气中夹带着愤怒,因此我也可以想见梅兰妮·克莱茵作为一个女人必定会感到受伤及不被理解。我想温尼科特当年还是刚刚获得认证的分析师,他必定听过这些争论,也很可能阅读过那些论文。

通过阅读你书写的部分,我想我理解到这种"内在邪恶"是内在无意识幻想的一个方面。无意识幻想包含了两种无意识叙事——好的和坏的,它们为偏执-分裂位置的形成提供了动力。而这是每个婴儿都会经历的普遍现象。因此抑郁位置代表了艰苦卓绝战斗后的胜利。最终,一个人感知到并没有什么所谓的邪恶(或者说绝对的好或绝对的坏),他只是在其内在好客体和坏客体之间挣扎以期辨别出他者,即外部客体——毕竟一个人绝不可能全好或者全坏。我这样理解克莱茵的理论对吗?

欣谢尔伍德: 好,再让我来补充一(两)点! 我认为,判断谁是邪恶的、谁是好的,其实是对原始偏执-分裂功能的极化。毕竟,我们都会这样做,并且一辈子都是如此。例如,我们在阅读小报头条的时候,就得到邀请以加入对某事的愤慨中;或者当我们的国家卷入战争时、我们"憎恨"极端主义时，我们其实都是得到邀请的，并且我们也常常会接受这个用"全好"或"全坏"的极化思维去思考的邀请。因此我认为你具有开放性，能够看到克莱茵学派的观点，即人们生来就带有这种"原始"功能机制，所以其一生的功课都是成长并脱离这种原始机制的束缚。因此，如果一个温尼科特学派分析师想把克莱茵想成用分析幼童的摧毁性邪恶来攻击无辜孩子的老巫婆，那么这确实很吸引人；同样的，如果一个克莱茵学派分析师认为温尼科特就是在克莱茵摔倒后还无情抽她两巴掌的人，那么这也很具诱惑性。

铺垫了这些后，我想谈谈视角。克莱茵视角试图（但并非总能成功）站在病人视角旁边，这就涉及了病人自身对邪恶的体验。然而，我们每个人（如病人一样）都时常会陷入这种好-坏对立之中，也能在需要的时候超越这种原始对立的水平。只不过，在临床情境中，一个病人可以不去超越，但分析师不被允许这样做（但是我们分析师彼此之间做什么就是另一回事了！）。

我也想再说说另一点，即幻象和妄想。我同意你的区分。但你给出的结论是，克莱茵学派分析师认为象征化能力由修复所驱动，并且你提到了西格尔。我不太清楚你的具体思路。不过你所认为的克莱茵的观点其实并不真的是她的观点。所以，温尼科特学派分析师在引用克莱茵理论时需要谨慎。你说的"温尼科特的观点是，创造性并不仅仅是克莱茵理论所认为的修复尝试"这句话其实并不完全准确。即使对克莱茵本人而言，它也不仅关乎修复。在西格尔提供一个更为精密的看法之前，克莱茵认为象征化只是置换的简单呈现。

但我确实能理解你所做出的评论，因为我记得曾和西格尔讨论过这个问题，她当时对我所说的话和你的话相同。使用玩具来表达的能力包含了比修复更多的东西。尽管文学作品或艺术作品的创作可能是修复或关于修复的叙事，但使用象征本身就是一种创造性的表达方式。这也说明为何许多克莱茵学派分析师对济慈和柯勒律治等艺术家的作品进行研究以理解其创造过程。

私以为，温尼科特也会有类似的杂糅观点。这必定不仅涉及他关于幻象的观点，也适用于他的担忧阶段理论——该阶段必定也包含了创造性，或至少包含了关心的元素。你给予克莱茵的承认有些过于狭窄。很讽刺的一点就是，大家都推崇温尼科特对"游戏"的强调，却很少注意到是克莱茵发展出"游戏技术"的，而她识别出游戏中所蕴含的创造性表达力可以与成人对言语的使用相提并论。那么，温尼科特学派分析师只会将使用语言说成"仅仅是修复"吗？

艾布拉姆：如我在第二章中所述，温尼科特非常推崇克莱茵使用玩具和儿童工作的技术，并深深受到这一技术的影响。但是他在晚期——即我在第二章中所说的第三个阶段——进一步发展了游戏理论。此时他强调沟通的"过程"及"找寻自体感"，并指出这只能在与他人的关系中才会发生。你似乎在说，克莱茵关于创造性的理论（之后由汉娜·西格尔继续发展）也不仅仅是"修复"，那么能更多地理解克莱茵理论中这个维度定会大有裨益。

温尼科特在其理论发展的第三个阶段，除了进一步更新游戏理论外，还提到了"原初创造性"和"无形"的概念。我认为他是在发展概念性理念，以便更好地理解病人在分析性关系中触碰到"存在"状态的需要。在这种关系中，原初创造性潜在地给予病人喘息和成长的机会——病人甚至可能是第一次获得这样的机会。我认为这和克莱茵理论中的修复概念不同，因为修复来源于罪疚感。但是原初创造性和游戏的能力发轫于"存在"的能力。存在提供了一个空间，而罪疚感在其中没有位置。这个概念可能更接近于弗洛伊德所说的"海洋般感受"（1930a，p. 64），而后者可能就是温尼科特用以指代早期母婴融合相关的幻象概念的根源。

欣谢尔伍德：你似乎在要求我澄清"非修复形式"的创造性。对此我也不能完全肯定，因为我认为克莱茵（或者西格尔）不像温尼科特那样对模型建构充满兴趣。不过现在想想的话，使用言语、视觉或者其他形式来表征内心世界似乎确实是人们从很早起就享有的一种能力；也许它就是原初的。但是以表征形式表达无意识幻想——无论是儿童游戏、小说、我们现在合作的学术专著、一局板球，还是其他什么——看起来确实是一种人类自然而然的活动。我想它与幻象有关——一个表征和它所表征的事物相见，这让语言学家费迪南德·索绪尔（Ferdinand de Saussure，1916）获得灵感，写下关于能指和所指的论文并发明了符号学这一学科。

关键在于，游戏行为从孩童时代起就是创造性的，因为它导致表征的出现，而我们使用表征与他人联结。

事实上，符号学对精神分析的影响很小，而这些影响也基本藏匿于精神分析的拉康学派理论中。相反，在克莱茵学派的发展中，兴趣点集中于父母这对伴侣的性交及其产物上——一方面是憎恨和嫉羡，另一方面是新的子嗣。通常来说，创造力的含义有赖于对内在父母性交的无意识幻想。它是客体关联（内部客体和／或外部客体）的产物，这可能也是大家期待客体关系理论会谈到的部分。这样看来，创造力常常就是无意识幻想的见诸行动，但与此同时，行动的内容和无意识幻想相一致。如果继续说下去就会更加复杂，所以我在此暂停。

第五部分

实践与理论

　　全书最后一部分中的第九章和第十章将聚焦于临床工作相关问题，与此同时，我们将尝试总结全书中反复出现的重要议题。克莱茵和温尼科特都是经验丰富的精神分析实践者，他们从临床工作中获得的材料是他们思想理论的直接来源。

第九章　谁的现实？谁的体验？

R.D. 欣谢尔伍德

核心概念

·移情　·现实原则　·焦虑水平最高峰　·对解释的
回应　·病人体验优先

克莱茵的临床技术植根于精神分析发展早期，亦即1913—1914年期间，此时弗洛伊德刚刚完成临床技术系列文章以尝试规范其临床方法。克莱茵同意，分析性治疗需要有一个能允许最大限度自由表达的设置，以及解释针对的是表达出来的但还不为意识所知的内容。此外，她也同意，分析师本人是临床过程中的一个重要参与者。温尼科特自己的发展大概发生在二三十年后，那时他深深沉浸在关于移情及反移情的更为精细的辩论中。他的分析师詹姆士·斯特拉齐在1934年发表了关于突变性解释的里程碑式论文。这一年也是温尼科特成为认证精神分析师的那年。

无意识概念是诸多理论假设的发祥地，如移情、洞察的内在益处，以及无意识防御焦虑的动力性结构。正如前国际精神分析协会主席罗伯特·沃勒斯坦（Robert Wallerstein，1988）曾说，临床理论是我们都认同的部分——分裂分析师的是元心理学。但可能克莱茵和温尼科特在临床实践中存在显著不同——尽管他们的理论脉络相去不远。

克莱茵在真正开始治疗性工作之前，也接受了临床观察训练。因此，她对于那些似乎在烦扰病人（事实上是儿童病人）的事情格外感兴趣。

另外，当克莱茵真正开始治疗性分析时，她开始关注解释造成的现实影响。对她而言很重要的一点就是，一个解释应该让病人感到正确，而不仅仅是让分析师自己感觉对。虽然克莱茵并不是唯一一个对临床过程中即刻改变和起效感兴趣的分析师，但是她对此尤为重视，这可能是因为她的工作自20世纪20年代中期起就被一些同行严厉批评。她的案例呈报自然会大量展现出其临床方法的"循证基础"。直到今天，仔细审视临床材料中的小细节（微观过程）仍然是克莱茵学派的一个突出工作风格。

接下来，我会就临床工作的两个方面——焦虑水平最高峰和临床工作有效性——更为详尽地谈一下。

焦虑

正如我在第一部分中指出的，克莱茵在其职业生涯早期选择探索其病人及观察对象的焦虑体验。她发现，她的儿童病人们并不掩饰自己的痛苦，并且可以通过使用各种玩具来讲述他们的故事。在第一章中，我们也看到这是研究能量在精神结构中运行路径的另一种方法。但是与此同时，它开创了聚焦于病人体验而非分析师理论的方法。这些通过玩具游戏勾勒的叙事向他人展现出儿童的幻想世界——这些幻想随着当前占据主导的内容而变化。尽管儿童并没有明确地与治疗师进行沟通，但玩具游戏好似一个信息系统。儿童似乎使用这种方式向外界演示其内在思维中某些重要的事情。我们可能理所当然地认为，成人精神分析中的言语是两个人之间的沟通桥梁，但儿童游戏所表达的是一个内在"幻想"世界及其外在象征与现实世界之间的沟通过程。

显然，分析小节中从内部到外部的即刻置换因"无意识幻想"和"此时此刻"的解释原则而幸存下来，而这几十年来克莱茵学派分析师一如既往地强调这些原则。置换到外部世界的过程，以及这个过程中极为可能出现的歪曲和误解是克莱茵学派（当然也是弗洛伊德学派）移情理论的核心。但是，该理论可能和温尼科特的理念非常不同，因为看起来温尼科特似乎是先从外部世界，即环境出发的。

不过我猜想，他们两人的相近之处就在于认为这些议题在临床实践中非常重要。克莱茵强调无意识中的更深层，以及前面提到的内与外的置换，这构成了建构和塑造自体或自我的基本过程。温尼科特也强调这些，但是方式不同——他的重点在于自体感的发展。

然而两人间最大的差别——这也是本书中一直在突出展示的——在于两人完全不同的焦点。克莱茵的关注点是焦虑水平最高峰，而直接解释焦虑将修正这种情绪（Isaacs，1939）。克莱茵对焦虑的防御不怎么感兴趣，她更在意焦虑的内容：焦虑可以通过游戏叙事呈现，或在成人身上通过梦境和活现中的幻想来表达。这一方法和弗洛伊德对于洞察的观点一脉相承。弗洛伊德在和布洛伊尔（Breuer）的早期合作中观察到，安娜·O在催眠中清晰呈现出症状背后的焦虑并将之宣泄后，她的症状便减轻甚至消失了（Freud，1895d）。

因此，从一开始，克莱茵的兴趣点就在于主体（儿童或成人）的体验。而这种体验则来自她对作为叙事——尤其是其无意识幻想叙事的儿童游戏所做的观察。克莱茵声称，她发现儿童对自己的攻击性感到很焦虑，他们害怕自己可能会对重要人物做出不好的事，也恐惧邪恶他者施予自己的侵犯和伤害。许多非克莱茵学派的学者坚持认为，克莱茵基于弗洛伊德的死本能概念而强调攻击性。但这种观点是一种误解，是错误的。克莱茵并不是严格意义上的理论家，也不是个随波逐流者。事实上，克莱茵直到1932年才开始在作品中提及死本能概念，但是她早在1919年的初期论文中就已经报告了儿童那些令人不安的充满攻击性的幻想了（弗洛伊德直到1920年才提出死本能概念）。

克莱茵之所以将攻击性置于她对人类体验理解的中心位置，是基于其发现，而非出于对弗洛伊德的追随。一开始，她并没有觉得在哪里驳斥了弗洛伊德的俄狄浦斯理论，毕竟谋杀仍是至关重要的——它仍然是性竞争和嫉妒之下的谋杀。只是到了后来，尤其是在亚伯拉罕的影响下，攻击性才变得格外重要，并成为理解自我形成及其结构组成的重要线索。值得一提的是，尽管克莱茵从亚伯拉罕这里获得了她之后理论的灵感，但亚伯拉罕本人从未表达过对死本能概念的兴趣或支持。

克莱茵从早期对焦虑水平最高峰的观察到后来对偏执-分裂的理解，以及对这种害怕被某个邪恶他者或自身攻击性彻底消灭的恐惧的认识，经历了很长的发展历程。但一直以来，她的线索都是对攻击性失控的恐惧。

有效性问题

克莱茵感到自己被安娜·弗洛伊德在其1926年的书籍中严肃批评，为此，在1927年《国际精神分析杂志》出版了儿童分析论坛特刊，发表了来自英国的六位精神分析师所撰写的相关论文——他们基本同意克莱茵的观点，试图驳斥安娜·弗洛伊德的看法。

当克莱茵在1932年书写著作《儿童精神分析》时，已经有了大量临床片段以支持她的看法——当给出一个解释后，如果出现了显著变化，则可以证明解释是正确的。在这里，我提供一个明显的例子：

　　……露丝，年龄4岁3个月……是这样一类孩子：她的两价性情感一方面体现为她对母亲和某些特定类型女性有极强的固着，另一方面体现为她非常讨厌其他一些女性，而她们通常都是陌生人。例如，从很小的时候起，她就无法习惯新保姆，也无法轻易和其他儿童交朋友。她承受着大量毫无伪装的焦虑情绪，以至于经常焦虑发作并出现其他各类神经症症状；同时她从总体上看是一个非常羞怯的孩子。在她的第一次分析小节中，她强烈拒绝和我单独待在一起。于是我决定让她的姐姐和我们一起待在房间里。（Klein，1932，p. 26）

她的姐姐（其实是过继的姐姐）比她大二十多岁。克莱茵这样做是希望姐姐的在场能使露丝感到安全，并对分析师发展出正移情。这样她就可以进一步开展自由谈话或玩具游戏。慢慢地，分析师就可以单独和露丝一起工作了。

　　但我所有的尝试，例如只是简单地和她玩、鼓励她开口说话，等等，全都是白费工夫……她姐姐也告诉我，我的努力毫无希望。（p. 26）

克莱茵对此的描述是，只有安慰并不够。她很快展示出解释可以取得更多进展：

> 于是我发现我不得不采取其他措施——这些措施再一次强有力地证明了解释对于减轻病人焦虑和负移情的效果。一天，露丝还是一如既往地只关注她姐姐。她画了一幅画，是一只玻璃杯，里面装了一些圆形小球，杯子似乎还有个盖子。我问她盖子是做什么用的，她不回答我。她姐姐又重复了这个问题，她才说是用来"防止小球滚出来的"。在这之前，她曾经翻过她姐姐的皮包，然后紧紧地关上，"这样就不会有东西掉出来"。她同样紧紧地关上皮包里的钱包，这样硬币就不会随意散落出来。此外，她带来的这些材料的含义在前几次中就已经很明显了。现在我做了个大胆的尝试，我告诉露丝，玻璃杯里的小球、钱包里的硬币和皮包里的物件都代表了她妈妈肚子里的孩子，而她想要把他们安全地关起来这样她就不会再有其他弟弟妹妹了。我解释的效果令人称奇。露丝第一次把注意力转向了我，并开始以一种不同的、更不拘束的方式游戏。（pp. 26-27）

在这个治疗片段的脚注中，克莱茵强调，"解释有改变儿童游戏性质、让材料表征变得更清晰的效果"（Klein，1932，p. 54n）。将这两个变化放在一起考虑就能判断一个解释是否正确。克莱茵虽然没有接受过严格的科学训练，但是她找到了一种使用实证数据的逻辑方法。如我所暗示的那样，当时的情境相当不同寻常——我指的是对她方法和发现的直接挑战。在那个年代，精神分析师们在辩论彼此研究发现时往往是小心谨慎的。

即使在今天，这种通过展示解释引起相关变化来支持自己观点的方法也比预期中使用得少（见Hinshelwood，2013）。相反，在今天判断一个解释是否正确则多是看它是否符合该分析师所秉持的理论。这样的解释当然也只能让那些刚好有着相同理论背景的分析师信服。

＊＊＊

在本章中，我讨论了克莱茵临床实践方法的两个原则。第一个原则是，她的理论来自和病人的工作——具体来说，她之所以强调攻击性是因为她的病人们强调攻击性；第二个原则是，需要用一种方法来向他人说明一个理论是正确的——即使被说服的对象有着不同的理论背景。

第十章 抱持与突变性解释

简·艾布拉姆

核心概念

·抱持 ·解释 ·人类本性 ·环境–个体组合 ·过
渡性现象 ·客体使用 ·客体幸存 ·原初创造性

　　前文提到过，温尼科特比克莱茵小十四岁，当他开始从事精
神分析工作时，克莱茵已经在英国精神分析协会中身居高位了。
有趣的是，在温尼科特成为认证精神分析师的1934年，他的分析
师詹姆士·斯特拉齐也恰好发表了关于精神分析治疗性行为的论
文。这篇关于分析技术的经典论文（见第一部分内容）可以说是
今天大部分英国受训分析师的工作样板——无论这些分析师来自
何种理论取向。欣谢尔伍德在第九章中提到了沃勒斯坦的观点，
即分析师在元心理学上的区别大于他们在临床实践上的差别。作
为一个英国精神分析师，我很认同这个观点，因为我发现当我和
有着不同理论取向的同事们讨论临床工作时，我们常常同意彼此

对病人精神病理情况的概念化。但同时，来自同一个理论学派的分析师偶尔会不同意彼此在工作中使用的技术。尽管这种情况不可避免地属实，但是因为不同理论学派分析师的出发点不同，所抱有的基本假设不同，所以他们在处理个案方面的不同会相当显著。这意味着我们可以识别出那些最具科学性的论文从属于三大流派中的哪一派；另外，分析师对病人的表述——音调及语言——也常常能指示出分析师的理论取向。

正如我们在之前的章节中看到的，梅兰妮·克莱茵发现解释病人无意识内容可以很有效地缓解病人的焦虑感。可以说，基于这一临床发现，大部分克莱茵学派分析师都会将"解释"当作每个分析小节的必备要件。但来自当代弗洛伊德学派和独立学派的分析师则更倾向于倾听病人并评估病人处于哪个沟通水平。但这并不是说对于非克莱茵学派的分析师而言解释就不重要了。事实上，干预必须在恰当的时机以一种节奏进行，这样它才能够对病人起作用。因此，大部分呈现出的临床材料都是可以帮我们识别出分析师的工作取向的。不过，解释移情关系则是所有英国受训精神分析师的共同课题，也是区别心理治疗和任何种类精神分析治疗的关键指标。

鉴于本章聚焦于临床分析实践，因此我的目标是重点介绍温尼科特在临床实践方面做出的一些创新（Abram，2012b）。20世纪30年代精神分析学界展开了一系列充满争议的辩论，而此前我也评述过温尼科特的思想如何在这个背景之下发展成熟。尽管他也在1945年明确表述他将要"投身于临床工作"（这里的意思就是他不想再过度陷入政治和科学的冲突中），但他也不可避免地会去反思和回应克莱茵学派的发展。他对于精神分析充满激情，致力于推动英国精神分析协会的科学生命活力，并曾两度任协会主席（见年代表）。

如果认为温尼科特的理论只关注环境，那这绝对是错误的。他主要的关注点，也是他最重要的临床创新和贡献，就是他对于环境-个体组合的阐述。在本书中我反复明确强调，恰恰就是这个概念让弗洛伊德的"原初自恋"这一术语成了一个临床概念。这就是温尼科特最重要的临床创新（见第二章）——亲子关系对婴儿的印刻——它也推动了精神分析中主体这个概念的发展。

和弗洛伊德一样，温尼科特深受达尔文的影响，因此他也认为精神分析是一门科学——一门关于人类的科学。1945年，他引用达尔文的话以强调："生物能够被科学地研究，就意味着知识和理解上的空白不会再让人感到恐惧……"（Winnicott，1945b，p. 7）他一直坚持这一立场，我们也可以从他对艾拉·夏普（Ella Sharpe）的回应中看出这一点。此前，夏普将精神分析描述为一门艺术，因此温尼科特在1946年写给夏普的一封信中说：

> 我不是很确定我能认同您关于精神分析是一门艺术的观点……从我的视角看来，相较于其他类型的工作，我更喜欢

真正意义上的精神分析工作，而其原因……必然和这一事实有关，即在精神分析中，艺术的成分少一些，而占比更多的是基于科学考量的技术。（Rodman，1987，p. 10）

温尼科特在他的全部著作中始终忠于弗洛伊德精神分析的原则，但与此同时，他根据其临床发现而对精神分析理论做出了扩展和延伸。这完全符合科学工作的真正含义。珀尔·金（Pearl King）曾评价温尼科特"坚定地扎根于精神分析传统精神中，而不是拘泥于其字面意义……"（1972，p. 28）。这便意味着他站在精神分析探索的最前沿。毫无疑问，他也深受克莱茵临床工作和理论的影响，这在本书中通篇可见。之前我也曾提到，我认为他和克莱茵的对话使他的理论得到了"锐化"，促使他发展出了自己的理论基础，并最终与克莱茵学派分道扬镳。

精神分析治疗的目标

温尼科特在《精神分析治疗之目标》（1962a）一文中概括了他的"标准分析"方法，指出其存在三个阶段，而这和经典弗洛伊德式精神分析一脉相承。在分析的第一个阶段，分析师的"自我-支持"帮助病人发展其自我的力量。之后，温尼科特在经典理论的基础上，识别并发展出与经典分析平行的另一条线索——早期亲子关系对于病人的影响。这一发展建立在他的临床观察与发现基础上，并促使温尼科特在其理论建构中将关联与关系放置在本能理论之上。他指出，分析师必须准备好成为生命早期的母亲及后期的母亲和父亲（Abram，2012b，p. 146）。温尼科特强调了"抱持性"环境的重要性，以及缺乏分析性抱持的解释不可能有效（关于这一点，我之后还会再次提及，也会在本部分对话中回顾）。关于治疗的第二个阶段，也就是治疗历程最长的阶段，温尼科特写道："病人对于分析过程的信任带来了各种各样……关于自我独立的实验。"而到了第三个阶段，也是最后一个阶段，病人能够"将所有事情——甚至是那些真正的创伤源——都聚拢在个人全能感的领域之内"（Winnicott，1962a，p. 168）。

关于温尼科特"标准分析"的观念，我想主要讨论两点。第一点是，温尼科特认为，躺椅上的病人心中总是有一个婴儿存在。这也是为何分析师需要准备好担当生命早期的母亲。格林将此现象称为"临床婴儿"。我在第一部分对话中提到过这个概念。因此，只有当病人有能力倾听时，分析师才能给出分析性解释。我会在后面举一个临床案例来解释这一点。

随着温尼科特的情绪发展理论越发清晰明朗，他也感到还有一点非常重要，那就是分析师不能在病人尚未准备好倾听解释前就进行"解释"。在和第二次世界大战的撤离人员一起工作的基础上，他发展出了"抱持"这个概念。这个术语代表了婴儿所需的躯体及精神抱持。分析性情境类似于早期抱持性环境，它复制了母亲"抱持情景"的能力。在其著作《抱持与解释》（1986）

中，温尼科特提供了治疗小节的逐字稿，让读者可以深入了解他的临床技术，并领略他对于病人"在那段时间内被抱持"这一需要的敏锐度——而这个阶段正是最终允许病人倾听解释的准备阶段。来得太早、旨在触及过深层次的解释有可能会干扰病人的过程，甚至可能具有伤害性。在他的后期著作《客体使用》中，他写道：

> 分析师想要解释，但这可能会破坏病人的过程，而且这在病人看来可能像是一种自我防御……（Winnicott, 1971d, p. 92）

温尼科特倡导分析师"等待"——看病人在分析情境中如何回应。因为他坚信，只有病人才拥有最终的答案。

我们从字里行间可以推断出，他在从业过程中目睹了太多的分析师过早过快地做出了解释，就好像只有分析师才知道病人问题的答案一样。这种情况，往好了说可能导致病人的顺从，往坏了说就是思想灌输。在温尼科特看来，精神分析技术旨在通过自由地搁置注意力来促进病人的过程。这样，病人就会在"时机到来之际"开始以自己的方式触碰到所需的答案。这是温尼科特在技术层面和克莱茵不同的一点——克莱茵在其著作中常常透露出分析师知道得比病人多，但这其实是所有精神分析师在精神分析实践中都可能犯的一个主要错误，因为毕竟病人通常指望分析师能"知道"。温尼科特在去世前三年写道，在他从业早期，相比于给出一个"聪明的解释",看到病人自己找到所需的答案会更加令他欢欣雀跃。

依赖与退行

温尼科特坚称"……相较于直接婴儿观察,处于依赖状态的或深度退行的病人可以教给分析师更多关于婴儿早期的东西,而且其提供的信息也远远多于与投入于婴儿照料的母亲接触而得来的知识"(1960,p. 141)。这也支持了弗洛伊德最初的观点,即精神分析创新只能在弗洛伊德临床方法论语境下发展演化,亦即来自对躺椅上被分析者的高频分析中。安德烈·格林也认为温尼科特的思想植根于他在分析情境中对自身反移情的细密审视,而非他的儿科工作(Green,1975)。我也支持弗洛伊德和格林的观点,认为只有在分析情境中的移情-反移情基础之上形成的临床创新才真正具有推动精神分析前进的价值。这大概也是克莱茵和温尼科特都认同的一点——尽管两人在结论上有些不同。

在分析进程中,正常的形式化退行不可避免,它是"重新经历发生在早期环境失败中的、还未真正体验到的创伤"的一种方式(Abram,2007a,p. 275)。分析性情境提供给病人一种可能性,让他/她能够第一次真正体验到一个抱持性环境。从这个意义看,分析性治疗的方法给予了病人一个空间,让他/她的情绪发展慢慢趋于成熟,而这是他/她在早年的精神发展未获得促进和发展的部分。

> 退行的病人正缓慢接近过去，以重新经历梦境和记忆情境；让梦境见诸行动可能是病人发现最重要之事的一种方式——行为发生之后，人们才能谈论做了些什么，但谈论不可能发生在行为之前。（Winnicott，1955，p. 288）

谈论做了些什么之所以不可能发生在行为之前是因为病人此时还无法在象征水平上工作。因此分析性工作就可能需要动用"修正"的分析技术。这似乎和克莱茵与小病人露丝的工作有异曲同工之妙（见第九章）。克莱茵认识到这个小女孩，至少在治疗早期会暂时性地需要她姐姐的陪伴。慢慢地，克莱茵对孩子需要的适应就展现出了良好效果。温尼科特（1955）曾指出，一定限度内的"见诸行动"可能在开始是有必要的，因此也需要被分析师耐受，但耐受的前提是，在见诸行动后总会有"将新理解用言语表达"的工作。在我看来，温尼科特的这个观点和前述克莱茵的工作殊途同归。

对基于传统分析技术使用修正技术的信心，让温尼科特在和一小部分病人工作时采用了相当不同的方式。例如，当他确信一个病人正在经历被生出来的躯体记忆时，他就抱住了病人的头部（Winnicott，1949）。他也给一个病人提供延长时间的治疗小节（最多三小时一节），这是因为他看到病人在其生命初期从未有过"无形无态"（formlessness）的体验，而一般的治疗小节时长并不能提供足够的时间让她进入这种"无形无态"的心理状态（Winnicott，1971b）。温尼科特认为，这种三小时一节的设置的确促进了病人的过程——病人在这段时间中似乎可以触碰到心中某种真正真实的东西。温尼科特的这种工作方式被一些分析师所推崇，但也遭到了另一些分析师的批评。温尼科特也明确指出，这种"修正"技术只能在分析工作的一个很短的阶段中使用。而我认为，这种工作方式必须以分析师深深确信这就是病人所需为基础。

毫无疑问，温尼科特的一些临床案例深具争议性。同样需要指出的是，恐怕任何一个分析师都在治疗过程的某些时段中为某些病人做出过经典分析技术之上的"修正"。

从各方记录来看，温尼科特可能确实有时候太想要帮助或太确信能够帮助某些病人了。尽管如此，我从认识他本人的那些人身上获得的印象是，他的尝试是诚恳的，以及他因为确信移情的力量而坚信精神分析作为治疗模型的效力。他正是在此基础上进行的探索与尝试。

小 结

表5　精神分析实践中的重要议题

	克莱茵	温尼科特
根本焦点问题	焦虑	亲子关系
紊乱/精神病理	爱高于恨的平衡	早期抱持的失败
分析中的表达	前象征叙事（玩具和活现）	见诸行动/移情关系中的再现
方法的有效性	解释减少阻抗/抑制	用抱持与解释来促进病人的觉察
突变性因素	经由解释获得的洞察	经由分析师的精神幸存而体验和经历自体发展
时机	跟随病人的无意识呈现	跟随病人借助突变性过程而产生的倾听和接受能力

对　话

欣谢尔伍德：好吧，简，我的确认为你在这一部分比我更有优势。我们之前商量好要就两位主人公的核心原则进行对比与对照。但他们是在不同年代发展出了各自的原则——克莱茵活跃于1924年至1946年，而温尼科特则活跃于1945年到1960年代后期。这两个时期的精神分析发展处在不同阶段。从1950年代起，许多不同的议题相互碰撞，而这些议题在克莱茵的事业高峰期还未得到广泛关注。其中一个（只有一个）议题与临床技术的发展有关，尤其是和分析小节中移情与反移情的实时关系相关。自从荣格和费伦齐在早年和病人卷入麻烦的关系之后，精神分析情境中的亲密情感就被推到了背景中——至少主流精神分析是这样的。但从1940年代开始，分析师个人的亲密情感及如何处理它的议题再次回到人们的视线中，其关注度在1950年代达到高峰。也许爱丽丝和迈克尔·巴林特（Alice Balint & Michael Balint）在1939年合著的论文是一篇前奏，它识别出分析师作为分析小节中在场的他者是一个有真实情感的存在。当然也不能忘了温尼科特1949年的论文《反移情中的恨》，这篇文章强有力地推动了精神分析技术的修正（Hinshelwood，2016）。

这次修正并没有影响到克莱茵，而以反移情为基础的范式转变——通常我们将之与温尼科特和宝拉·海蔓联系在一起——则把克莱茵落下了。克莱茵学派在技术上的发展很少有克莱茵本人的参与，直到她1960年逝世都是如此。这种情况就阻碍了我们今天对比温尼科特的临床实践和克莱茵式的临床技术。因此，我不得不跳出克莱茵代言人的角色，而试图指出她如何影响到后继者的创新。

显然，她在1946年就分裂样机制所做的临床描述对其他分析师至关重要——让人们更关注分析小节中存在的关系。此举的影响力类似巴林特、温尼科特及鲍尔比强调与"他者"关系的重要性。但克莱茵并没有跟进这些想法。此后，赫伯特·罗森菲尔德（Herbert Rosenfeld）在1947年，以其精神病患者米尔德里德和分析师自身身份认同与自体互动过程中所获得的观察为基础，进一步探索了克莱茵之前提出的理念。再往后，西格尔于1950年描述了爱德华（她的一位精神病患者）如何通过摧毁和外部世界的关系而导致自身象征形成功能的失败。

精神病患者在现实原则被打破时的表现对于分析而言是理解其与外部世界关系的一条颇为不同的路径。我想这一定也促使了温尼科特去发现不同于他人的对精神病存在性焦虑的理解——按他自己常用的话来说，就是连续存在性的丧失。这是对精神病核心焦虑的一种非常独到且引人深思的表述。随着克莱茵学派就精神病的理解发展出涵容的概念，温尼科特也发展出了另一个替代概念——抱持。以后如果有机会，我们也许可以对比一下温尼科特的"抱持"概念和比昂的"涵容"概念。前者发展于1950年代中期，以存在的连续性为核心，而后者产生于1950年代中后期。

比昂进一步发展了克莱茵学派，他认识到母亲（环境）和其婴儿所做的事情与处理原始精神病性焦虑相似，这就生发出对精神分析过程和关系的非常不同的理解（Bion，1959）。这令人瞩目的重要进步使得分析师在实时关系中的主观体验成为可被使用的材料。你在前文中说明解释的时机问题时曾引用温尼科特的话——他说分析师"想要解释，但这可能会破坏病人的过程"（1971d，p. 92）。今天，克莱茵学派分析师会完全同意过早的解释可能会具有破坏性。而这一顾虑之源的确来自温尼科特。分析师的这种感受不会轻易被打消，他会认为它是分析过程的一部分，当然前提是分析师能够意识到这一点。今天，我们可能都会同意，分析师的主观感受传达出他／她所处的语境，而这一语境就是分析师和其病人的关系。但我们对于如何处理获得的信息则可能有不同的考量——要么是认识到它告诉我们关于病人的一些事（克莱茵学派），要么就是提醒分析师必须忍住和等待（温尼科特）。当然，这个观点成立的前提是我对温尼科特理解是正确的……

温尼科特生前没有机会看到其理论进一步的发展——约瑟

夫·桑德勒（Joseph Sandler）在1975年、1989年的建树，以及其他许多分析师做出的发展。正如克莱茵逝世前也没有目睹到她对分裂样机制的描述大放异彩一样。我们无法知晓温尼科特会如何评价他逝世后约五十年中精神分析的发展，我们也无法了解克莱茵对她身后约六十年光景的学派进步有何感想。而今，我们都在书写当下的历史。

艾布拉姆： 鲍勃，你提到克莱茵和温尼科特在精神分析不同历史时期发展他们各自的理论和技术。这一点很有趣，也非常值得重视。在前面两章中，我们不可避免地花了一些时间去讨论技术和临床工作，但到目前为止我们还没有真正考虑到这个事实。然而，这件事真的能"阻碍"我们正尝试在做的比较工作吗？你认为克莱茵如果更高寿，她会改变她对分析师使用反移情的想法吗？进一步讲，她会改变她一贯的态度吗？我在第四部分中曾指出，在你提供的临床案例中，克莱茵谈到在和精神病患者工作时极端的负性反移情反应，但她也说，反移情告知了更多关于她本人（而非病人）的情况，这两点其实是矛盾的。这是不是说明其实她已经开始使用反移情概念了？显然，她意识到病人的投射性认同进入了分析师的内部——而这种理解其实是另一种谈论反移情的方式。

尽管有这样的矛盾之处，我个人认为梅兰妮·克莱茵对这个概念保持警惕态度是有必要的。我们所有人都很容易把自己的情绪反应当成"反移情"，而其实它可能和我们对病人某种特定的

"移情"更有关。人们可能会说这是反移情概念的一个重要缺陷，就此我也在《国际精神分析杂志》的一次"当代对话"中谈论过我的看法（Abram，2016b）。我认为这是一个例证，足以说明克莱茵的立场对于今天所有分析性临床工作者都有裨益。因此我并不确定她真的就如你所说，被海蔓和温尼科特在1940年代所推动的理论发展"落下"了。因为至少在我看来，在克莱茵事业的全盛时期，分析师们已经意识到了他们是在极深的情感水平对病人做出回应的。马乔里·布莱尔里于1937年发表的文章《理论与实践中的情绪》可说开启了分析师使用反移情的先河——尽管布莱尔里在文章中并未使用"反移情"这一术语（Abram，2015a；Green，1977）。布莱尔里强调，分析师必须"……通过跟随移情情感这一阿里阿德涅轴线[①]"找到理解病人无意识的方式（Brierley，1937，p. 257）。我想，梅兰妮·克莱茵一定关注着这些发展与变化。温尼科特在1950年代中期书写了《抱持与解释》一书，而此时克莱茵依然健在。而你也知道，克莱茵、西格尔和约瑟夫都很不认可温尼科特关于退行的文章。我的感觉是，对于克莱茵身后的很多发展，即使她依然在世也不会认同，因为证据表明她可能很难改变她已经完成的理论建构。因此，虽然的确要承认克莱茵和温尼科特之间的年龄差距，但我仍然认为，跨越这些年龄和阶段的差别对他们二人理论实践观点进行对比是重

---

① 阿里阿德涅是古希腊神话中克里特岛的国王米诺斯和妻子帕西法厄的女儿。阿里阿德涅给了英雄忒修斯一捆轴线，帮助他进入人身牛头怪的迷宫并在杀死怪物后成功脱险。

要且有价值的。

　　如我在前文中提到的，在我近期的工作中，我试图跟进这一线索并展现出温尼科特因为不认同克莱茵的一些概念而被激发出的最重要的一些理论贡献。毕竟从某种意义上来讲，他一直和克莱茵学派的发展保持着某种对话，无论在理论方面还是在技术方面，这一对话一直持续到他逝世。正是这样的科学对话，加上温尼科特精神分析和儿科医学的经验，"锐化"了他在亲子关系方面做出的原创性贡献及其理论在分析情境中的可实践性。关于这一点我已经提到过了（Abram，2013）。

　　那么接下来我也就需要回应一下你提出的当代克莱茵学派技术的发展问题了。你提到，克莱茵学派分析师接受了温尼科特关于解释时机的忠告；你也指出这个临床议题最早是由温尼科特提出的。这非常重要，因为我认为克莱茵学派从整体而言很少承认温尼科特对精神分析理论与实践做出的贡献对克莱茵学派有任何重要影响。下面我就想谈谈比昂及其"容器-容纳物"的概念发展，以及你对于精神病议题所做的回应。

被阻断的现实原则

　　请先允许我返回第四章，请回温尼科特的两类宝宝。我想提醒读者，一类宝宝正在享受"连续存在"并从中获益。这是得到环境"足够好的抱持"的宝宝，他们在生命初始阶段及其后最具影响力的情感发展阶段都得到了相应的"足够好的抱持"。当然在这里，我有必要补充说明的是，这并不意味着成长中的婴儿就没有"议题"和"麻烦"要解决了，而是说，这类宝宝具备充足的资源以维持一定水平的健康。另一类（不那么幸运的）宝宝，他们的"连续存在"因为环境缺陷而遭到打断。这一（对连续存在的）打断等同于温尼科特提出的"无法想象的焦虑"和"原始极端痛苦"。因此在温尼科特看来，精神病是一种环境缺陷性疾病。他进一步指出，精神病性过程其实是对无法想象的焦虑的防御。这也是为何温尼科特认为偏执-分裂位置真正描述的是失败环境所造成的精神后果。他并不认为偏执-分裂位置是一个普遍的发展阶段并适用于所有婴儿。

如我在第一章中所言，从1945年起，温尼科特就开始发展他的亲子关系理论——"没有婴儿这回事儿"，而"抱持"这一概念是他持续不断探究"情绪发展"最本质条件的成果。温尼科特的这些工作至少比比昂发展出他的"思维理论"和特定的环境概念，即"容器-容纳物"，早了十年。比昂并没有承认温尼科特就环境-个体组合的工作对他的影响，这一点你也提到了。不过，我们都同意比昂关于环境的理论及"容器-容纳物"概念和温尼科特的"抱持"有不同之处——尽管两个概念彼此有重合。但不幸的是，这些科学议题最后变成了"政治"议题，至今仍对精神分析学界有着深刻的影响。

1945年后，英国精神分析协会中不同学派思想——克莱茵学派、当代弗洛伊德学派，以及独立学派——就分道扬镳、各取其径了。而通常的情况就是，各学派的作者只引用本学派作者的言论。正如你所指出的，温尼科特仅引用了比昂的观点两次，而比昂从未提及过温尼科特。这些事实有其历史背景，并且尽管从中生发出很多误解，但我认为有些议题至今依然存在。

例如，你认可今天克莱茵学派的理论和技术受到了温尼科特《客体使用》（1969a）的影响。这篇文章强调分析师要对解释时机保持敏感。但与此同时，你（我认为是错误地）写到温尼科特发展出抱持概念是用来"替代"比昂涵容概念的。我希望我前面的论述能够阐明，探究环境理论和环境对情绪发展的重要影响主要是温尼科特所开创的领域。如你在第四部分中指出的，梅兰妮·克莱茵同意温尼科特就此的观点，也在其1936年的文章中承认了这一点。

在计划、筹备本书的过程中，我认为是我们都感到十分有必要呈现出克莱茵、温尼科特及其各自的追随者是如何彼此影响的——他们的理论在何处相通，又在何处分岔。我们都想在讨论理论时回避"政治问题"及那段激烈争执的历史，毕竟我们都希望能找到一种中立的方式来就不同理论交换意见。也许我们都感到，这个工作中充满了有可能让我们再次重复无意识团体动力冲突的陷阱——你此前已经提到这一点了。但是现在，学界对于这样的对话有着真实且鲜活的兴趣——而且是在国际范围内——因此这种对话不仅具有启发意义，也对精神分析持续发展有着深远影响。

从第八章中就可以看出，温尼科特在其作为分析师的经验基础上坚信有缺陷的环境导致了精神病理。但就其技术而言，他则积极倡导分析师的任务是通过移情基础来获取病人沟通信息背后的含义。你说我们并不知道温尼科特或克莱茵在其逝世后会如何发展各自的理论，尽管的确如此，但我仍然认为，在理解他们生前各自理论发展程度的基础上，我们可以做出合理的猜想。

欣谢尔伍德：我认为在1940年代，克莱茵处在一个艰难的境地中。而温尼科特在1951年提出的过渡性客体概念完全和克莱茵就婴儿早期关系的观点背道而驰。与此同时，另一个打击来自海蔓对反移情概念的创新理解。这一理解同样反对了克莱茵对传统临床工作方式的坚守。

独立于克莱茵

他们展现出这些不同观点的时机对克莱茵而言是相当不利的。争议性辩论（1943—1944）让克莱茵身心俱疲。她也失去了（由厄内斯特·琼斯所支持提携的）英国精神分析协会中最重要思想家的身份地位，只剩下一小批支持者和学生。与此同时（1940年代晚期），独立学派开始发展壮大，并与之拉开了明显的行政距离，这让克莱茵与那些在1938年维也纳学者们到来之前支持她的人渐行渐远。十年光景，克莱茵几乎失去了一切——至少她是这么认为的。在她的七十大寿纪念刊中（1953年由国际精神分析杂志出版），海蔓的反移情论文及温尼科特的过渡性客体论文都被她拒绝收录在内。这仅仅是闹小孩子脾气吗？我想如果这样认为，其实并不厚道，但的确有很多人都是这样看的，包括海蔓和温尼科特，他们就利用这个机会开始了各自的独立理论探索之路（相对来讲，温尼科特比海蔓走得更成功一些）。

简，也许你是对的，温尼科特的确对克莱茵学派思想（而非克莱茵思想）的发展做出了贡献。但这种承认可能也仅仅是为了凸显克莱茵学派的学者们可能也有自己理论和实践上可行的解释。这也许并不是一个特别好的动机，但挑战总是创造力的种子。

在你给出的温尼科特治疗案例中，温尼科特仅仅基于他的一个反移情感受——他在一个中年男性病人身上看到了一个小女孩并因此感到疯狂（第六章）——就做出了解释，这让我的确很惊讶。这看起来就和海蔓在1960年所警告的对反移情感受过度自信的情形如出一辙。当然，它肯定是一个反移情感受，也是不容忽视的反移情感受。但这样做出解释似乎有些太快、太不谨慎了，不是吗？病人虽然在意识上同意，但我们都知道，恰恰是病人意识上的赞同可能会误导我们。此外，这个案例也和温尼科特所说的解释原则背道而驰，即过快的解释会起破坏作用。这也是你在第十章中提到过的。

微观过程

　　也许现在我们有必要讨论这一点，因为温尼科特的工作方法和当代克莱茵学派处理反移情的工作方式非常不同。我想进一步澄清我在对话前半部分中提到的内容，即温尼科特感觉如果他做了一个解释，他可能会起"破坏"作用。今天，许多克莱茵学派分析师的观点是，像温尼科特这样的体验（即他做了解释就可能会起"破坏"作用）可以被当作一个非常重要的指示——关于此时此刻病人的一些体验。一个分析师建议自己不要解释（而解释又是允许分析师工作的唯一杠杆）这到底意味着什么？这可能意味着分析师和病人的联结非常脆弱——在案例中也许就是如此；这也可能是一个信号，暗示病人受到了分析师有效工作的威胁；这还可能来自分析师自身与负移情相关的摧毁性和攻击性感受。此外，分析师的超我此刻似乎也被带入情境中——因为某种原因而要求分析师做到完美。温尼科特似乎并没有给自己足够的时间去思考所有这些可能性，而只是假设病人需要体验到控制感，需要被给予未被破坏的全能感幻象。也许温尼科特是对的，但考虑到其他可能性（包括我还没有想到的那些情况）并没有被解释给病人，我们又怎么能知道他到底对不对呢。

　　这种对互动过程细致入微、仔细周密的描述有时被称为"微观过程"，它来自贝蒂·约瑟夫（Betty Joseph，1989）所推荐、发展的临床实践方法，即努力尝试细密地考虑反移情沟通系统中所有的可能性。

修复性情感体验

在这里，我想谨慎地提出我对温尼科特临床实践方法的另一个顾虑。也许这可以说是克莱茵学派对温尼科特感到困惑的一点。但简，也许你之后可以进一步澄清。当温尼科特坦言他感到自己有可能破坏某种娇弱的情境后，他似乎就开始以一种机械性的方式推进工作了，他头脑中似乎有某种明确的概念在告诉他"应该"怎么继续工作——像一个纵容婴儿沉浸在全能感感受中的母亲那样。面对这种情境，当代克莱茵学派分析师则可能会采取不同的立场。他／她可能会尝试对自己头脑中的想法到底意味着什么做一个全面的审视。鉴于一个人必定在一个特定语境中工作，而这个特定语境就是另一个人的心灵，那么似乎就存在这种可能性（当然只是有可能，而非百分之百的把握），即分析师脑海中升起的想法和这个语境有这样或那样的关系——不过毫无疑问，它也和分析师的心理有关。

如果分析师真的对其语境做出了反应，那么他必定也是以自身的方式来做反应的。在我们现在讨论的案例中，他的反应是出现了一个超我禁令，告诉他不要破坏。正是这两者的结合需要被仔细地审视，正如在前面提到过好几次的莫尼-克尔的案例中他不得不做的那样。我发现我常常会使用一个重要的操作性原则，即

"如果嘴寻找乳房是一个天生的潜能，那么也存在与之对应的心理关系，亦即，一种心理状态寻找另一种心理状态"（Brenman Pick，1985，p. 157）。想要恭维一个分析师，让他相信自己做得比病人的母亲更好并不难——但一个精神分析师其实在很多方面不可能做母亲。"充当"一个幻象是一种激进的方式，它裹挟了共谋；而一个克莱茵学派分析师则会说，如果可能的话或在可能的时候，最好先审视而非先活化。

如果一个超我形象如鬼影般地出现在分析师的脑海中，这对于病人与分析师之间的互动性意味着什么呢？在我看来，这是一个需要去思考而非直接去反应的问题。在这个问题上，分析师的确会陷入派系争论之中，因为一派的理想和另一派的理想针锋相对。就像其他人一样，我们也是一群易反应的人。而且我确实认为克莱茵也没有超越这种指控和自我指控的思维。

分析师在职业超我面前的脆弱性使得各方各派都试图去遵循一个正确样板——它来自分析师超我的统治力，而后者又遵从于我们的个人分析师、督导师及学派团体。当温尼科特在半个多世纪前忠告我们要避免让过快的解释毁掉精神分析治疗时，他似乎是在要求我们遵守一个理想化的方法，一个旨在给病人创造出特定体验并维持其全能感幻象的方法。也许是那个历史年代对于职业人士的预期将温尼科特局限住了；而同样的事情可能也发生在了克莱茵身上。

也许等到下一代，被当作新生儿养育所带来的修复性体验和寻求新知识之间的差异才能清晰地展现出来。如前文所述，温尼科特看似提倡的跟随超我指令的方法（克莱茵在对待反移情的态度上也是如此）需要与另一种可能的方法做对比，即超我指令本身需要被思考。它来自何处，又为何会出现？温尼科特对于修复性情感体验的忠诚显然和分析师试图理解自己在那一刻为何会被职业超我所驱动不在同一个思考水平上。

为了更清晰地表达我的观点，在这里，我会简短地转向比昂。也许和病人一起工作、共同发展出新知识本身就是一项新的、修复性的体验。不过，比昂（1962a）认为他可以从两方面做出区分，一方面是"知道"（knowing）及其必然结果"被知道"（being known），而另一方面是"爱着"（loving）和"恨着"（hating）。它们属于不同类型的关联方式（比昂倾向于称其为联结）。

那么接下来他就需要区分出两种不同的"知道"。一种"知道"是"对某事物的知识"（knowing about），它来自感知觉，例如一个医生知道一个病人什么时候得了阑尾炎；另一种"知道"被比昂称为"直觉性知晓"（intuiting），它更类似于共情。作为例子，他对比了一个断腿的病人和一个心碎的病人。对于断腿的病人而言，医生（或者其他人）可以用肉眼看出他的腿断了，但是对于心碎的病人而言，别人只能从内心感受他的痛苦。问题就在于，我们是从理论出发来理解我们的病人的，还是在对"他们"的理论直觉理解的基础上去了解他们的（即使这些理论只是他们的无意识幻想）。我认为这一区分在温尼科特或者克莱茵在世时都不甚清晰。

关于起源的问题

我能够理解你要纠正错误认识的想法，也许这确实是应该做的事情，但是我也认为它干扰了我们概念对比的工作。不管怎么说，我已经尽我全力，而我们的整个讨论过程、我们为理解彼此理论不同之处而付出的努力让我也极为受益。我个人以为这些讨论与澄清是我们的精神食粮，无论读者们会如何看待。

艾布拉姆： 我们的这些对话对我非常有启发！之前我从未想到过，梅兰妮·克莱茵可能会对温尼科特过渡性客体的论文感到不开心。但我还是不太理解究竟是为什么。她是感觉这个概念会折损她在内部客体上的创新性吗？不过我确实知道克莱茵因为自己对于反移情的观点而不希望宝拉·海蔓呈报其反移情论文。宝拉·海蔓1950年的这篇文章常被当作开启反移情概念的关键性论文，但温尼科特在1949年发表了《反移情中的恨》。在这篇文章中，他讲述他通过自己的一个梦，理解到了一个病人的心灵-身体分裂。在此，我想再次提及马乔里·布莱尔里1937年的论文《理论与实践中的情绪》，因为就像我之前说过的，我认为这篇文章才真正开启了分析师反思自己对病人情感反应的先河，而当时这个概念还未被命名为"反移情"。

我一直都知道梅兰妮·克莱茵在争议性辩论的余波中感到备受打击，但我之前认为这是因为她的女儿梅丽塔·施密德伯格（Melitta Schmideberg）在辩论中加入了自己的分析师爱德华·克劳福的阵营并激愤地反对克莱茵所致。但到了1945年，爱德华·克劳福请辞，而梅丽塔·施密德伯格则和丈夫离开英国并定居纽约。即使是辩论中不可或缺的人物马乔里·布莱尔里也退休并迁至湖区。我一直都认为，那段时期英国精神分析协会一定创伤累累，辩论后的学术氛围也必然紧张困窘。但从你谈及的内容中我看到，克莱茵1945年之后的理论发展很可能发自一个受伤的位置。从那时起，克莱茵学派的发展从政治上变得越发军事化，并且毫无疑问地，在协会内慢慢抬头并占据了主导地位——不仅是在英国精神分析协会内，更是在全球范围内。

我只能想象，克莱茵不同意将温尼科特和海蔓的文章收录到其纪念刊中是因为，如你所说，她不同意这些概念，而非"闹小孩子脾气"，也可能是因为她看到这些新发展感到自恋受伤。这是"独立"学派真正的起始点吗？我认为它虽然不是官方认可的起点，但一定播撒了种子。最终爱德华·克劳福创造出"中间学派"这个名词来指代那些在争议性辩论及"君子协议"后既不愿意支持安娜·弗洛伊德也不愿意拥戴克莱茵的绝大部分英国本土分析师。直到1968年，在威廉·吉莱斯皮（William Gillespie）的带领下，才有了更为正式的"独立学派"。当时，温尼科特拒绝加入，因为他感到这种学派分立具有分裂性。

我之所以提及温尼科特对克莱茵学派发展所做出的贡献，是因为想要突出理论来源及沿革问题。我认为，所有精神分析作者都有责任考虑其所处时代的理论发展，而这其实也是弗洛伊德学派和独立学派对于克莱茵和后克莱茵理论建构的态度上存在的问题。这种不满也可能来自一种受伤的立场，因为当同道们忽视自己切实的贡献或提出非议时，人们自然会感到受伤且愤怒。

从过去十年间英国精神分析协会出品的论文中，我们可以发现，跨学派文献引用慢慢出现。但不同学派间仍然存在明显的政治分隔，这既反映了不同的学术观点，也是历史遗留问题。

我希望这本书能够成为一个具有创造性的尝试，促进不同的学派间展开更多对话——这种对话并非发自受伤的情绪，而是出自就不同视角进行交流的真心渴望。我也感到这是我们决定共同写作的初衷。我们也已经注意到，自从2013年我们在艾塞克斯大学做了克莱茵和温尼科特比较工作坊之后，也出现了对比较比昂和温尼科特的兴趣——尤其是对两者"抱持"和"涵容"概念的对比。在2017年末，我们也在华沙开展了比昂和温尼科特比较的工作坊。

温尼科特的临床治疗片段

你对温尼科特临床案例的反应让我甚为吃惊，因为在我看来，它可说是精神分析文献中最感人、最具说服力的案例之一。此外我也认为，它彰显了斯特拉齐所提倡的技术和突变性解释的含义。让我来用这个机会再次勾勒温尼科特所描述的治疗进程，以澄清我的意思。

温尼科特所做出的第一个解释非常不同寻常。

> 我在倾听一个女孩讲话。我很清楚你是一个男人，但是我在听一个女孩讲话，我也在和一个女孩说话。我告诉这个女孩："你正谈论阴茎嫉羡。"（1971a, p. 73）

这个解释并非横空而降。我们可以得知，这段分析已经持续了一些年头，病人已开始体验"当"（being）病人，他对于分析性方法也颇为熟悉。但是，病人还未发生真正意义上的精神转变；并且温尼科特告诉我们，好的分析工作经常性地被摧毁。对病人或分析师而言，这意味着病人无意识深处还有些事情有待发现。

在温尼科特解释后，出现了一个停顿，说明病人正在消化这个解释。之后病人做出了回应。

> 如果我跟人提起这个女孩，我会被说是发疯了。

温尼科特说，其实事情到此也许就可以暂停了，但是他发现自己在继续跟进，并说了一些让自己都感到惊讶的话。

不是说你把这件事告诉了什么人，而是我看到了一个女孩，听到一个女孩在说话，但事实情况是，躺椅上躺的是一个男人。发疯的人是我自己。

温尼科特说，这个解释"一语中的"，病人感到的确如此。

我自己绝不可能说"我是个女孩"。（我知道我自己是个男人。）我的疯狂不是那种形式。但是你说出来了，而且你是同时对我的两个部分讲的。

温尼科特继续说，他自己所感到的疯狂让病人能够"从我（温尼科特）的位置看到一个作为女孩的他自己"。

那么在这里，我们就看到一个层层递进——如斯特拉齐所描述的——朝向突变性解释的过程。最终，温尼科特说出他才是疯狂的那个人。在那个时刻，温尼科特站在病人母亲／他者之远古客体的位置上，望向自己的男婴，却看到一个女孩。另外，温尼科特所做的恰恰是追随斯特拉齐（1934，p. 149）所倡导的，因为他此刻做出的回应就是治疗小节中的急迫时刻（这也是追随当时梅兰妮·克莱茵所提倡的技术）。

这也是为何在我看来，这个案例中呈现出的病人和分析师的互动过程恰恰是描述"延迟影响"的绝佳例证，而这一过程的实现则得益于分析情境的促进。

接着请让我简要地将这个案例和你在第八章中提到的莫尼-克尔的临床片段进行对比。我认为，两个例子显示出两位分析师都在他们深层情感反应（反移情）的基础上展开工作，而在这样做的过程中，他们就允许自己（从分析层面）成为远古客体。莫尼-克尔意识到他对于病人的情感反应说明了他在治疗小节结束时的感受就如同病人的感受。之所以有这种感受似乎是因为他陷入了（反移情）陷阱，从行为上变得类似病人的父亲。我认为，对比这两个临床案例后我们会发现，当分析进展顺利时，分析师就十分有可能被放置在远古客体的位置上，而此时克莱茵或温尼科特的工作方式并没有太大区别——除了在理论层面上。所以，尽管一开始读到第五章中莫尼-克尔案例的时候我心头一沉（我之前提到过），但当我听了你的进一步澄清并研习了这篇论文之后，我才意识到在这个案例中，他的工作方式和温尼科特的工作方式非常相似。如果能对这些具体的临床案例进行更细微的对比和对照，我们也许能有更多收获。

你之前也提到了贝蒂·约瑟夫的微观过程，我觉得它听起来与斯特拉齐在他那篇重要论文中所描述的分析过程十分相似。与此同时，我认同你的观点，即如果分析师有冲动要为病人“做些什么”，那么很重要的一点就是去理解这种冲动并搞清楚它和病人的内部世界有何关系。病人毫无例外地会将分析师拽入某种情境中，而分析师应该对这些情况做反思，而非做出下一步行动。

我想我们大概都同意的就是，病人对解释的反应及之后对分析性设置的使用便是"有口皆碑"的凭证。

对温尼科特"修复性情感体验"的理解

你似乎将温尼科特所认为的精神分析的目的理解为"修复性情感体验"，这一点也让我感到很吃惊。你似乎在暗指温尼科特试图"弥补"病人早年在母性照护方面遭受的失败，因而给病人提供了一些他从未拥有过的东西。但这并非温尼科特的本意。如果纵览他的全部作品，就会发现他始终坚持移情及解释和技术的重要性。在此，我要引用温尼科特1963年一篇论文中的一段话（其在逝世前八年所撰写）。

　　……在移情关系中，没有分析师能去提供一种修复性体验，因为这本身就包含了相互矛盾的概念；移情关系的方方面面都来自病人的无意识精神分析过程，同时它的变化发展有赖于分析师对呈现在其面前的材料的解释。（Winnicott, 1963a, p. 258）

在说完这些后，他紧接着讲："实践好的精神分析技术可能就其本身而言是一种修复性体验……"我认为他在这里的意思是，分析性治疗的一个附加好处是它也许具有"修复性"，但是这对于治疗来说并不足够，因为早年的失败必须被带入移情关系。他总结道——

　　　　所以到最后，我们通过不断失败而成功——以病人需要
　　的方式失败。这比简简单单地使用修复性体验来治疗的理论
　　要走得更远。退行如果能以这样的方式被分析师适应，那么
　　它就是为自我而服务的，就可以变成一种新的依赖，使病人
　　将那些不好的外部因素放入其全能感的掌控范围内。而这个
　　范围由投射和内摄机制所管理。（p. 258）

　　温尼科特曾说，分析师必须"准备好成为生命早期的母亲及
后期的母亲和父亲"。我认为他在这里所特指的是分析师在任意
一次分析中接受病人沟通信息的能力。换言之，分析师必须能够
在不可分割的母性移情和父性移情中工作。因此我认为，他所指
的是就精神分析而言的成为母亲和父亲，而非真的充当母亲或父
亲。这恰恰也是在你引用的莫尼-克尔的案例中所能看到的。莫
尼-克尔发现自己在移情的语境中成了病人的父亲，并且最后体验
到当初这位父亲让病人所感受到的情绪。温尼科特"标准分析"
的工作方式在他许多临床片段中，以及《抱持与解释》（1986）
的逐字稿中都可窥见一斑。

　　在第十章中，我提到了温尼科特的一些论文——他在里面讲
到了对分析技术的一些"修正"。这些修正总会让我感到不适，
我也不会想以这样的方式工作。但是，正如我之前提到的，我认
为温尼科特一定诚挚地相信这就是这个病人在治疗的那个特定时

刻所需要的工作方式，而他很可能是对的。

温尼科特关于"退行"有比较明确的看法，而这样就容易让人产生一种印象，即他似乎希望病人退行，并且提倡将真实意义上的抱持作为解决方案。温尼科特并没有认为所有病人都应该退行，但这一点似乎常常引起人们的误解。他据理力争，简要地指出病人的确会在治疗进程中退行，因此分析师需要做好准备，在分析情境的背景下去适应病人的"退行到依赖"（Winnicott，1955）。在附录中，我们将会具体讨论像这样的容易引起歧义、造成误解的主题。

欣谢尔伍德： 关于将退行视为修复性体验这一点，我再说最后一句。总的来看，究竟怎样才不是修复性情感体验还是不甚清晰。你似乎是在说，因为病人需要（或想要？）退行以将外部客体——如你所引用的——"带入其全能感掌控范围内"（Winnicott，1962a，p. 258），所以这就不是分析师在提供某种体验了。在我看来，如果分析师的确允许这种退行的话，那么他就是在提供一个修复的机会，以"改正"原初母亲造成的"错误"创伤。你将之与莫尼-克尔的"错误"类比。在莫尼-克尔的例子中，病人和分析师无意识地活现了某人（如莫尼-克尔所形容的）"受到谴责"的场景。但我认为，事实上两个案例有本质不同，因为莫尼-克尔提供给病人的是一个识别出痛苦真相的机会，即他混淆了治疗中的客体和他头脑中的父性客体。而我也同意，这正符合斯特拉齐倡导的方法，也是一个潜在的现实检验工具，可以鉴别病人对幻想的使用，从而判断他对他人的期待。但在温尼科特的例子中，他允许幻想本身具有治疗性。

允许幻想（或幻象）成为一个时刻的真相，和识别出面对内部客体及幻想与面对外部客体的不同需要是两码事。具有悖论性质的是，相较于温尼科特范式，克莱茵学派更为尊重外部客体的重要性！

艾布拉姆：鲍勃，我又有那种似曾相识的感觉了，即我还是没有解释清楚我的意思！让我再试着解释一下，因为似乎这些内容对于澄清本书最后一部分要进行的对比对照至关重要。

首先，请允许我重申我对于温尼科特就退行问题的理解。温尼科特在这一点上遵从弗洛伊德，认为分析情境的本质会调动病人的退行。这和分析师有意识地激发病人退行不同，而后者也是温尼科特所反对的。正如他在我前面的引文中所说，"在移情关系中，没有分析师能去提供一种修复性体验，因为这本身就包含了相互矛盾的概念"。接着，他继续指出，移情的"变化发展也有赖于分析师对呈现在其面前的材料的解释"（Winnicott，1963a，p. 258）。

正如你所说，临床案例间是存在技术差异的。莫尼-克尔在其案例中的后一个小节开头所做的"解释"来自分析师的立场。他能够评论说病人感到焦虑，因为他（病人）让其分析师感受到他在父亲那里所感受到的情绪。这个"解释"帮助病人更具反思性，并因此感到了舒缓。从这个意义上说，我同你一样，认为莫尼-克尔让病人意识到一个痛苦的真相，即在前一小节中，病人"混淆了"分析师和他的父性客体。但是莫尼-克尔也明确指出，在他能够对病人说这些之前，他作为分析师必须先理解自己为何会感到自己无用和困惑，以及为何之前他无法通过解释触碰到病人。莫尼-克尔觉察到他在治疗小节后的精神状态类似病人面对父亲时的感受，于是，他感到了一种"再投射（reprojection）所带来的缓释"（1956，p. 36）。而这进一步帮助他发现下一节中的——也许可以这么说——"修复性"解释。换言之，这个解释同时让分析师和病人理解到上一节移情关系中所上演的一幕。我认为这是所有进行中的分析每天都会经历的寻常的移情关系修通过程。

如我前面所说，我认为这些方式既有一些重要的相似之处，也有在技术层面上的不同之处。它们的相似之处在于，莫尼-克尔和温尼科特都对病人的无意识沟通保持着接受状态；此外，他们两人都准备好"成为"病人的远古客体——母性或父性客体——并知道这是移情情境固有的一部分；两人也清楚地觉察着自身的"反移情"反应。在莫尼-克尔论文的总结部分，他承认，他称之为反移情"扰动"的感受"可能需要我们加倍付出时间和努力才能被回忆或承认"（p. 365）。

你可以说温尼科特允许"幻象（或幻想）成为一个时刻的真相"。我认为这种描述温尼科特工作的方式很不错。他能够从远古客体的立场对病人进行解释，如他所说，"发疯的人是我自己"。但在我看来，这里也包含着真正的悖论——通过陈述他这个分析师是疯的，温尼科特将病人的解离（或成为女孩的感受）放置于主体间（Goldman，2012，引用自Abram，2013，p. 353）。这个例子也很好地展示了温尼科特将精神分析实践当作移情关系中的"游戏"，而移情关系在他看来是幻象性质的。但与此同时，很重要的一点是，我们需要看到这种分析会谈中的"游戏"旨在服务于自体发展。通过移情关系中这类游戏经验的积累，更为深入的洞察也随之发生（参考Zilkha，2013）。而这也会进一步解放一个人识别分析二人组中精神间、精神内和人际间成分的能力。

虽然温尼科特或莫尼-克尔的目的都不是修复性体验，但恐怕很多分析师都同意，一个好的分析最终的结果是可以被视为具有"修复性"的——尽管这里的"修复性"和亚历山大（1946，p. 66）所提出的"修复性情感体验"相去甚远。我想这才是温尼科特所说的意思。

欣谢尔伍德： 我很抱歉让你觉得我没有理解你的意思——尤其是在对话这么后期的阶段。同时我希望我们不仅仅是在玩文字游戏。有趣的是，我们都锁定了一个开启我们首次对话的要点（见第一部分），即你当时纠正了我对温尼科特提出的一个原初全能感阶段的理解（它是一种全能感幻象）。在第一部分，你谈到了母亲"接收并满足婴儿需要，让婴儿感到自己是上帝的能

力"。这是婴儿所"需要"的。而你也反复强调，对于那些受到
创伤的人，以及之后出现身份认同问题（假自体）的人而言，找
到一个能让他们感到自己是上帝的分析师是非常必要的。

当莫尼-克尔（1956，pp. 363）发现他成为一个被羞辱的低位
者角色，而病人变成了批判者、权威者的形象时，可以说病人的
确是感觉自己像上帝的。但这不太可能是分析师想如同母亲那样
"膜拜"自己婴儿的意图的表现。莫尼-克尔和病人所无意识活化
的是关于谁病了的纠葛——而病人赢了这场比赛。之后，莫尼-克
尔可以将这场戏剧展示给病人，让他看到自己所发展出管理自己
体验的方式——合法地批判，抑或感到被羞辱。

我认为，温尼科特的解释（1971a，pp. 73–74）也与之相似
地将病人疯狂的念头呈现给病人，让病人能同时认为自己是一个
女孩和一个中年男性。这类似某种双重视线（double vision），
能让病人看到疯狂的部分。但我还不太清楚的是，全能感在此又
是如何引入的——我指的是温尼科特提到的回应婴儿需要的那个
部分。

莫尼-克尔清楚地意识到，一场和合法批判父亲的无意识大戏
再次上演。一方被羞辱，而另一方通过批评感到自己如同上帝。
在分析设置中，分析师和病人无意识中同意按照利于病人的方式
来扮演这些角色。

如同斯特拉齐（1934）所倡导的，治疗策略就是揭露这场大

戏，将之和现实做对比。

温尼科特的治疗策略可能不同。但有一个问题是，在莫尼-克尔的病人带来的这场戏剧中，上帝般的形象究竟是什么？也许是当病人批评分析师时，他行使父亲的权力。但这又不完全对，因为我们不可能像温尼科特想做的那样，去概括病人的需要。看起来，温尼科特在意的并不是无意识戏剧中谁是现实中的上帝角色，而是让分析师无意识地重演这场戏剧。

但我也同意，有一种强大的力量让分析师以病人无意识中赋予他的角色来回应，无论这个角色是莫尼-克尔病例中的被羞辱的人，还是温尼科特病例中笨拙地无法区分女孩和中年男人的无能之辈。

两人观点的一个不同之处就在于分析师的处理方式——当然，首先他需要能够发现这种情况的存在。假设分析师发现了这种情况，他也需要根据自己对于婴儿发展的理解来选择如何应对。

对于一个莫尼-克尔式分析师来说，一个需要完成的任务就是向病人指出他的错误感知（即对幻象的享受），并且以一种灵活的、有节律的方式帮助病人理解无意识中所发生的事情。

而对于一个温尼科特式分析师而言，似乎会有这样一种感觉，即自己通过回应病人错误感知幻象或抓住幻象不放的需要，已经帮病人完成了一些事。

　　这就把我们引向一个重要的不同点，即如何看待和处理这类情境。克莱茵学派分析师可能会认为温尼科特学派分析师允许病人沉溺于"非真相"（untruth），沉溺于幻象，并借此来弥补病人，让他根据自己的需要想沉迷多久就沉迷多久——但也许这并不是对温尼科特式分析善意的看法。而温尼科特式分析师则认为克莱茵式分析师用满是负性语调的解释来责备病人搞不清现实。

　　两个阵营确有不同，而每个阵营都有很好的理由批评对方。

　　或许我们需要把这个区别放一放，否则我们很可能需要再合写一本对话集来讨论在发现自己顺从移情幻象的时候我们该做些什么了！

　　艾布拉姆：是的，鲍勃——我们之前已经同意我们可能需要让对话保留这些差别。不过，在决定结束讨论之前，让我们先来澄清我们真正不同意的要点都是什么。因为在重新阅读你对我之前评论的回应并让它沉淀了一阵之后，我想我已经看出在有些问题上我们在鸡同鸭讲。我想温尼科特对一些词汇的使用可能容易引起误解，尤其是"幻象"和"全能感"。因此，请允许我再试着厘清一些在你评论之前我所谈论的要点。我将会对你提出的四个重点做出讨论。

　　1. 全能感：正常的和／或病理性的；

　　2. 移情中的现实；

3. 幻象和妄想——真相与非真相（untruth）；

4. 顺从移情幻象。

全能感：正常的和／或病理性的

温尼科特对"全能感"一词的使用在精神分析学界及我们的对话中都引起了严重误解。在他于1960年代发展出幻象理论时，"全能感"这个术语指的都是一种病理性的防御。这种理解在克莱茵学派文献中体现尤甚，而直至今天仍是如此。因此，存在着两种类型的全能感，一种是温尼科特所指的生命早期的一个正常发展阶段；而另一种是具有病理性质的"全能感"。即病人对渺小感、羞辱感和羞耻感的防御。

在本书中你一直提到我对于"全能感幻象"这一概念的强调，而你反复强调："对于那些受到创伤的人，以及之后出现身份认同问题（假自体）的人而言，找到一个能让他们感到自己是上帝的分析师是非常必要的。"我并没有看出这是我想要提出的结论，因为这个表达以一种相当心理学和行为理论的方式指出了"意图性"（intention），而这显然不是我想传递的意思。尽管我强调了温尼科特对于"全能感幻象"的理解，但我并没有想进一步说这就是病人在全部分析进程中需要体验的。我也不认为任何分析能让病人感觉自己像上帝。不过，在寻常的分析进程中——抱持与解释——如果病人能够"修通"早期精神缺陷，他／她便能开始与自己的核心自体接触。一个足够好的抱持，亦即分析性设置，的确能够为病人提供这样的机会。

如果我们现在转向温尼科特本人的治疗工作，尤其是他在《游戏与现实》中所呈现的情况，那么确实可以看到他认为对于一类特定的病人来说，修正后的分析技术能帮他们体验到一种与早期精神发展阶段相关的无形感，而这种感觉是他们之前从未有机会体验的。所以从某种意义上讲，你也是对的，他确实在为病人提供一种和幻象相关的新的治疗体验。但我在这里有必要强调，他的初衷并不是让病人以一种病理性的方式感觉自己是上帝，而是让病人感受到自己被理解、被看见。

你也提到莫尼-克尔的病人感觉自己像上帝，我想你指的可能是那种病理性的、作为一种防御的全能感。你指出分析师和病人"于无意识中见诸行动"，进行一场谁病了的竞赛，而最终的结果是病人获胜。但是——我不知道你是否会同意——这其实是一种"移情中的戏剧"（playing out in the transference）。它是任何一段分析都不可避免的组成部分。莫尼-克尔在他这篇关于反移情的早期论文中将发生在他身上的事情定义为反移情中的"紊乱"（disturbance），但我想在论文的结束部分他似乎也暗示了这种"紊乱"其实经常会发生。我不知道你对此有何观点，但在我看来，这个例子展示的正是我称之为"寻常"（ordinary）的反移情体验——它引导分析师和病人走向洞察。

　　之后你说，温尼科特的解释"也与之相似地将病人疯狂的念头呈现给病人，让病人能同时认为自己是一个女孩和一个中年男性……"，这暗示他和莫尼-克尔有着相同的工作方式。但是，我之前尝试展现的是，两者的工作方式相当不同，因为当温尼科特"呈现给"病人的时候，他接受了病人对早年母亲感受的投射，或者用斯特拉齐的术语来说，即接受了"远古客体"的投射，并从那个位置上说出"发疯的人是我自己"。不过，莫尼-克尔不也在第一个小节将近结束时体验到自己成为远古客体了吗？

　　此后，你询问温尼科特案例中哪里有全能感。我会说在这个案例中，温尼科特解释的是他如何在一个更深的精神层级上工作——我们可以将之命名为该小节中的"无意识幻象"。因此，在没有刻意努力让自己从精神上去接近的情况下，他感到自己具身了病人早年的母亲，而这和莫尼-克尔的方式不同。我认为在两个案例中，两个病人分别通过略有差异的方式得到了帮助，但他们都借助了分析师对其创伤性的既往客体关系动力的敏感和接纳——就其本身而言这已经具备了治疗性，而且不会让病人感到自己成了上帝。不过也许我们都会同意，他们的确都感到被看见、被理解，而这让他们更能触碰到自己的核心自体。病人的"需要"是能有机会体验"创造出客体"。这也是在以斯特拉齐所描述的移情-反移情为基础的背景下，当分析师能够认同病人无意识中隐藏的核心创伤时，病人所能够体验到的感受。这样一来，分析中的"治疗性行为"就形成了一个突变性过程。

移情中的现实

你提到治疗策略就是"揭露这场大戏，将之和现实做对比"，我认为这引发了一个问题，那就是我们如何定义任意一次分析性治疗中的"现实"。在我看来，两个病人都感到他们的分析师帮助他们看到了一个精神现实，继而有可能将其与当前现实区分开来。温尼科特的病人知道他并不是一个女孩子，但是他感到温尼科特在同时对他内心的两个部分讲话——一个是病人感到被认定为女孩子的部分（对应过去情境下的疯狂母亲），而另一个是他作为男人的部分（对应当前情境下的分析师）。莫尼-克尔的病人对于谁生病了这一点感到困惑，他不清楚是他的分析师有问题还是他自己有问题，这一情景重现了他过去和他律师父亲相处（病理性全能感）的经历。我认为，通过移情中的延迟影响，过去的精神现实被暴露在外，而当下的现实就开始逐渐显现。于是病人就能将过去归于过去，也许就可以继续在当下存在了。

幻象与妄想——真相与非真相

在你评论的最后一部分，你提出错误感知就是"对幻象的享受"。我并不是非常理解这一点，鲍勃。在我看来，"幻象"和精神现实相关，并因此囊括了一层真相。温尼科特的病人感到他"仿佛"就是一个女孩子，因为他的母亲看他时就"仿佛"他是一个女孩子，可那时他实际上是一个男孩子。他在成长过程中就必须携带着这种被视为女孩子（以及被当作女孩子对待）的经历。这本身就含有其精神现实和真相（即使它是疯狂的），而这也是温尼科特在移情关系中所发现的。而很关键的一点就是认识到病人可以同时持有两套"现实"和"真相"——也就是说，他是一个感觉自己像个女孩子的男人（来源于他母亲的"妄想"）。因此，和你所提出的（即错误感知就是幻象）不同，移情中的幻象将精神现实（过去实际发生过的）带入意识中。在此处，我不是故意要玩文字游戏，而是想凸显出同样的词汇背后不同的含义。

顺从移情幻象

你最后关于"顺从移情幻象"的评论让我甚为吃惊。我认为，而我也希望能从前面的阐述中指明，移情和"幻象"的内容有着千丝万缕的联系，而这又和温尼科特晚期的概念如"创造客体""创造性生活"和"原初精神创造性"等相关。因此我认为，"顺从移情幻象"等同于任何一个精神分析治疗。而且我也认为，莫尼-克尔除了跟随病人的移情幻象外别无选择——但移情幻象并不是错误感知。相反，这个病人和他的分析师所重复的正是之前他和父亲之间所发生的，或者更准确地说——他认为他和父亲之间发生的事。父性移情在分析中会因移情–反移情动力而再次出现，并在经过分析师的消化之后，以解释的方式重播并返还给病人。

在我看来，前面所说的两个病人在与这类寻常的移情工作时都表现得相当不错。如果他们有妄想性移情的话，那么可能就无法理解分析师的解释了。而且这样一来，分析师从技术层面上讲就面临着更为复杂的情况，这也是和精神病及边缘性精神病患者工作中常见的情形。

鲍勃，我希望这一次我能够澄清对于你提出的一些重要问题的观点。

欣谢尔伍德： 将对话展开得太长确实有风险。到目前为止我们的对话已经很长了，然而，似乎到了对话的最后，我们才真正接近了事情的关键。因此，我希望能再展开一些。

我认为这是一个非常复杂的情境，它和"幻象"这个术语的含义密切相关。我之前的意思是，它指的是将某件事物看成仿佛是其他事物，就好像视错觉（optical illusion）一样。而这种"仿佛"的能力是象征能力的基础，也是一种充分具有创造性的精神能力。正如我们就勒内·玛格里特的画《图像的背叛》所讨论的那样。然而，你所提到的"幻象"略有不同——其中含有一些真相，即内部现实的真相。因此从分析性治疗的移情角度而言，它在外部世界也有着相应的真实位置。

克莱茵学派会将这种内部现实称为无意识幻想，并且认为它赋予外部世界情感意义（全部意义）。从克莱茵学派视角来看，外部世界就是所感知到的；除非对应内部世界，否则它没有意义——正如民间心理学可能会说的那样，人所见的外部世界其实是"每个个体眼中所见的版本"（in the eye of the beholder）。从这个层面看，所有的意义都显然具有幻象性，因为世界就是被制造出来以承接当前活跃于内部世界中的感知层面的。然而，"幻象"一词的使用并不十分有力，因为它在此处意味着所有有意义的事物。

人自来到子宫外就要对世界进行表征。如果内部世界中出现饥饿，那么它就是通过对腹部感觉进行解释来构想的。而外部世界就以这种方式存在，因此它也必须具有诸如令人满意、让人挫败、被依赖、被感激之类的特性。这是对克莱茵宝宝而言最具有意义的现实。

弗洛伊德认为，对真实的外部事物所赋予的意义或多或少能够接近它们作为真实外部客体本来的面目，这是有些意义的。这常常被设想为客观观察及实证科学的任务。但是，当外部客体并非物理实体，而是一个"他者"的心理时，情况便有所不同了。另外一个人的心理并不是一个由物质构成的团块——例如，一个煤块。而不同他者的心理也不尽相同，这和不同煤块多少有些相似的情况完全不同。和物质世界不同，由其他人的心理所组成的外部世界就不仅仅是一些无意义事物的组合了。

这让我想到了美国精神分析的关系学派（在我看来）会特别强调的一点——一个病人和一个独一无二的精神分析师关联。例如，莫尼-克尔的病人关联的是一个在认知上容易被混淆的分析师。而病人逐渐在无意识中越来越能卷入分析师的这一部分，即他混淆的状态。这样病人就能使用分析师的这一部分来展示他的移情-反移情戏剧，但这些他是无法用言语表述的。而温尼科特的病人似乎善于在无意识中卷入温尼科特关注性别认同的那一部分。

但接着克莱茵学派就遭到批评，因为他们表达了病人怎样（以及为什么需要）使用分析师；而温尼科特学派则得到赞誉，因为他们为了让病人能——如你所说——"创造客体"，允许自己被这样"游戏"（played）。最终，移情中戏剧化呈现的内部现实和对过去经历的重演——可称之为余震（aftershock）——是非常不同的。我倾向于认为后者，即温尼科特的模型，其实更接近于弗洛伊德对于移情的观点。

继续扩展来看，似乎对温尼科特而言，内部世界就成了过去创伤阻碍个体感知到一个有意义的外部世界而导致的结果。当然这个外部世界肯定还是会被感知到——除了创伤带来的问题外。然而对克莱茵学派而言，这些用来处理外在世界感官的感知（例如视觉）最初就是在内部感受器（例如饥饿）的基础上形成的。不过也需要讲的是，个体从出生起似乎在某种程度上就存在将外部世界如实感知的体验，这从新生马驹的例子中可以看出。但即使是马驹，也以某种方式整合它对外部世界的探索和它对一个先于创伤而存在的内部世界（感到饥饿）的觉知。正如你所言，这个关于现实（reality）的问题正是关键所在——克莱茵认为现实必须赢得胜利，而似乎温尼科特认为现实等待着被感知。

你最后总结了四个重点，我基本上是同意这一总结的。不过，我可能更倾向于回避"病理性"这个术语，以及坚持使用焦虑和防御的分析框架。除此之外，我认为这些要点都是对的，我可能在这里已经（或者还没有）澄清过了。

尽管如我所说，我在这里冒险做出了更多的评述。也许我们只是在重复我们本来就相互不认同的观点！但也许这对我们自己有所帮助——也希望对读者有所帮助。

艾布拉姆： 鲍勃，谢谢你，我认为你的评述很有帮助，尽管我们可以继续讨论下去。我认为你最后所谈到的这些可以用来给我们这本书画上句号，因为我们的确已经接近你所说的"问题关键"，也就是，克莱茵和温尼科特就精神分析核心问题——移情——的微妙而抽象的不同理解。以一种开放的、能引出更多问题与讨论的、激发进一步研究兴趣的方式来结束这场对话是很好的。

附录一　困惑与错误认识

　　我们二人的合作也引发了一个非常有趣的结果，那就是我们意识到许多看似区分温尼科特和克莱茵追随者的不同之处其实是彼此对于另一方概念的误解和错误认识。这样的错误认识似乎难以驱除，甚至顽固不化，并进一步形成了所谓的"派系"，亦即，建立在被误解的历史事件基础上的派系。我们一方面需要承认，克莱茵学派在1945年后迅猛发展；但另一方面也要看到，英国精神分析协会中的许多精神分析思想家一直以来都对温尼科特做出的贡献抱有系统性的轻视。这种轻视不仅针对克莱茵学派，也发生在弗洛伊德学派，以及协会中自认为是独立学派的分析师身上。

　　近期这一情况有所改变，一些在理论上倾向于克莱茵学派或弗洛伊德学派的作者们也开始引用温尼科特的著作。因此，我们认为有必要在本文中总结一下我们在准备此书过程中发现的关键性困惑与误解。

1. 弗洛伊德的本能理论

如本书中所强调的，克莱茵从未提及精神能量，也没有谈过（本能的）经济模型。几乎可以肯定地说，她使用"本能"一词是为了表明对弗洛伊德及其力比多理论的忠诚——那时她正在受训成为一名精神分析师，而学界对于离经叛道者多有顾虑。

亚伯拉罕认为早期机制不仅是一种本能冲动（如口部摄入）还包含了一个纳入的幻想。尽管克莱茵忠诚于亚伯拉罕，但她仍然只选取了这些机制中关于幻想的方面，并强调这些幻想关乎客体的关联。

艾布拉姆在第一部分中指出，尽管温尼科特看似仍坚持弗洛伊德的本能理论，但他的建构中会更为强调精神环境的重要意义；他也认为，在自体的演变过程中，关系是首要因素，而本能是次要因素（见第一部分对话）。

2. 无外部客体

很多人固执地假设克莱茵不重视环境，甚至连温尼科特也如此认为。但事实上，克莱茵在早期和儿童的工作中就展示出，尽管儿童的心理被客体占据，但是这些客体的形成或多或少地基于他们周围的世界。心理中的内部客体绝不可能精确地复制外部客体。它们总是会被当前充斥儿童心灵的需要被管理的焦虑所渲染。甚至可以说，克莱茵的婴儿期模型也许比温尼科特的模型更为强调外部的重要性。因为克莱茵相信，从出生起，自体和他者之间就已经存在一个自我边界了。

但是这里还涉及一个重要因素。温尼科特区分了"环境母亲"和"客体母亲"。环境母亲是外部观察者所见的母亲，她的功能是以一种客观的意味提供母性养育。如果母亲"足够好"，环境母亲则被婴儿视为理所当然。而客体母亲则是婴儿大约从4个月起开始慢慢体验到的母亲。此时婴儿正在学习如何掌握感知能力，同时常受到生本能各种需求所带来压力的干扰，因此婴儿对客体母亲的感知中可能充满了扭曲。

温尼科特和克莱茵都认为婴儿大概从4个月起就开始了逐渐理解并慢慢接受周围世界现实的过程。两人观点的分歧在于4个月之前的发展阶段。克莱茵认为，婴儿对自己的身体状态有内部感知，并能将其赋予意义，在此基础上建构出一个有着各种客体的外部世界。而温尼科特认为这个阶段的婴儿还只是一个多客体系统中的一部分，这个多客体系统由两个人组成（婴儿和母亲）；但在婴儿的统感（apperceive）中，该系统只是一个客体——这就是融合。在此，我们有必要识别出温尼科特的双重视野：他对母婴关系的视角和婴儿的视角。

3. 迫害性解释

人们常常误以为，克莱茵关于攻击性的理论会导致过早且具有迫害性的解释——这种解释只处理病人攻击性中更应受到指责的部分，并在整个分析过程中经常性地唤起罪疚感。事实上，克莱茵并不只是片面地关注攻击性和摧毁性，她也平衡地聚焦于爱和创造力。她强调指出，对攻击性摧毁生活与爱的担心来自病人对自身攻击性的内疚性焦虑——病人会担心其攻击性可能带来的后果，以及该如何用他们爱的能力进行修复。

克莱茵的确会强调攻击性的重要意义及它在负移情中的地位。这是因为她一直对于其他分析学派回避承认分析师也可能被病人视为"坏的"这种做法持有批评态度（也许这是克莱茵对其他学派分析师的误解！）。此外，她最早是从儿童病人所展现的内容中看到的这些对攻击性的贯注。

为了抵挡对她解释导致内疚和焦虑的指控，她经常用案例来证明当她的病人解释说他们在担心自己的攻击性后，病人的焦虑反而减少了。这样的解释帮助病人建立起更为稳固的正移情，并开启了新的内容领域。

4. 婴儿期模型是真实的

克莱茵创造了一个婴儿发展模型；据她所称，这个模型来自成人和儿童病人的幻想，而关于这个模型的材料都是在和他们工作的精神分析过程中被表达和被收集的。克莱茵倾向于认为她的模型不仅是解释性的，也能暗示出婴儿的真实体验。对比的错误认识实则非常微妙。

克莱茵的模型究竟是否是现实中婴儿所真正感受和构想的其实没有那么重要。在实践中，克莱茵和她的追随者都理解到这些婴幼儿体验来自无意识的更深层级。它们并不是对过去的完整复制。事实上，无意识幻想是持续存在且活跃的这个理念让克莱茵学派在1940年代的争议性辩论中陷入很多麻烦，因为它看似挑战了固着点、退行等概念存在的必要性，这就相当于削弱了弗洛伊德模型中的关键性元素。

很多人错误地认为这些无意识深层中的幻想等同于婴儿期的现实。然而，对于精神分析治疗中的实际目的而言，更为重要的问题是：在今天，在此地此刻，在会面的过程中，是什么样的无意识幻想正活跃着？因为这些幻想常常近似原始机制，所以心理中的这一层级也可以被理解为成人（或儿童）病人内心的婴儿，而它们不一定是对过去的精准重复。

5. 温尼科特鼓励病人退行

温尼科特认同弗洛伊德关于退行的理论，并认为退行，即返回到一个属于之前发展阶段的早期心理状态，是分析中移情固有的一部分。和他的先行者费伦齐一样，温尼科特也和一些特定类型的病人开展了实验。例如，如果他感到病人无法在幻象的象征领域——它组成移情——工作，那么就有必要"修正"分析技术。换言之，他将之视为对病人需要的必要适应——否则治疗无法起效，因为病人还未发展出使用解释的能力。在克莱茵学派和非克莱茵学派之间，退行的概念一直以来就是一个存在争议的议题（见第五部分）。

6. 温尼科特认为他的技术是"修复性情感体验"

这个问题也在第五部分提到过，并且在对话中，艾布拉姆尝试着阐述了这个观点的错误性。她引用温尼科特对其同时代学者批评的回应，对"在移情中工作"和"修复性情感体验"——这个更倾向于行为疗法的方式——做出了区分。

7. 温尼科特的理论聚焦于外部客体

温尼科特和克莱茵的重要分歧在于情绪发展过程中早期环境所扮演的角色。温尼科特意识到"没有婴儿这回事儿"，并强调个体的发展根深蒂固地与早期精神环境纠缠在一起。这让他的理论不仅关注环境，也聚焦于亲子关系的首要性。

附录二 克莱茵、温尼科特生平及年代表

梅兰妮·克莱茵于1919年成为匈牙利精神分析协会正式成员；温尼科特则在1934年被英国精神分析协会认证为精神分析师，前者比后者年长十四岁。因此，两人在不同时代进入精神分析的世界。而在不同时代，人们关注的议题也不同；不同的文化氛围为精神分析发展提供了不同的土壤。

克莱茵成为精神分析师的年代恰在第一次世界大战之后，那时人们对于一个新的世界秩序持有普遍的乐观态度，对于精神分析也有着特殊的尊敬。因为在当时，心理学各分支中，只有精神分析能对战争神经症的蔓延起到有效的控制作用。相对应的，温尼科特进入精神分析领域时，空气中弥漫着对持续经济低迷的绝望，纳粹的荫翳集结笼罩，而精神分析内部不同流派的矛盾也变得难以调和。

不过，在伦敦精神分析发展历程中一段相当具有创造性的年代里，克莱茵和温尼科特作为同事彼此相互扶持，因而他们对彼此而言非常重要。但是1945年争议性辩论接近尾声时，克莱茵不再提及温尼科特的工作，而温尼科特的作品随即也被克莱茵学派

所忽视。另一方面，温尼科特持续地感到他在所有作品中都在与弗洛伊德和克莱茵对话。第二章中也指出，温尼科特的科学创新可被认为来自他和克莱茵及其追随者们的对话。

一开始，作为儿科医生的温尼科特对克莱茵与儿童进行精神分析的方法深感兴趣，而温尼科特对儿童发展的医学经验也成为克莱茵及其同事们发展出人类早期（几周几月）新理论的重要背景。事实上，在温尼科特获得精神分析师资格后的十年中，他都被视为克莱茵学派的一个相当重要的人物。但是，他强调环境对于精神内部世界形成的重要意义（Winnicott，1945a），这在克莱茵看来影响了她对内部世界的探索（Klein，1935，1946）。这一分歧让两人渐行渐远，温尼科特开始建构自己对婴儿体验、问题和解决方法的理解。在争议性辩论中，梅兰妮·克莱茵慢慢发现不能百分之百相信温尼科特会一直忠于她的想法，因此温尼科特就被"抛出"了克莱茵学派（见第二章）。1945年，在争议性辩论即将结束之际，温尼科特如克莱茵之前的许多支持者那样开始走上"独立"的道路。这多少让克莱茵感到四面楚歌、心灰意冷。温尼科特如其所言"回归到临床工作中"，发展自己的语言和理论体系，并和那个年代克莱茵学派发展的理论形成了鲜明对比。

我们必须看到，除了温尼科特和克莱茵之外，当时还有其他很多精神分析家在同样的领域工作，尤为知名的是英国的费尔贝恩、迈克尔·巴林特、约翰·鲍尔比，以及美国的哈罗德·西尔斯（Harold Searles）和佛里达·弗洛姆-理查曼（Frieda Fromm-Reichmann）等人。本书中我们不得不忍痛割爱，将焦点集中于梅兰妮·克莱茵和唐纳德·温尼科特的临床范式，而对于他们的跟随者及拥护者在后期所做的发展仅做简要介绍。我们之所以不在这本介绍性书籍中进行过多展开，也是希望其他研究者能受到鼓舞，进一步拓展这个主题。

年代表	
梅兰妮·克莱茵（1882—1960）	唐纳德·温尼科特（1896—1971）
1882　在维也纳出生，出生时姓名是梅兰妮·瑞兹	
	1896　出生于德文郡普利茅茨市
1903　嫁给阿瑟·克莱茵并搬迁至匈牙利	
1904　第一个孩子梅丽塔出生	
1907　第二个孩子汉斯出生	
1914　第三个也是最后一个孩子艾里克出生	1914　开始在剑桥大学耶稣学院攻读医学预科
1914—1917　接受桑多尔·费伦齐间歇性分析	
	1917　成为皇家海军实习医生
	1919—1934建立理论基础
1919　正式成为匈牙利精神分析协会认证精神分析师； 为逃离匈牙利反犹太势力搬迁至柏林（丈夫阿瑟·克莱茵则去瑞典工作）	1919　阅读弗洛伊德《梦的解析》

年代表	
	1920—1922　获得医学——儿科学从业资格
1921—1924　在卡尔·亚伯拉罕的鼓励下发展出和儿童工作的游戏分析	
1923　出版关键性著作《儿童力比多发展中学校的角色》	1923　在两家医院任职——女王儿童医院（哈克尼）、帕丁顿·格林儿童医院； 开始接受詹姆士·斯特拉齐分析
1924—1925　开始和亚伯拉罕的第二段分析	1924　开始个人执业
1925　亚伯拉罕于12月25日逝世	
1925　在英国精神分析协会的邀请下搬迁至伦敦并立刻成为英国最受崇敬的精神分析研究者之一	
1926　安娜·弗洛伊德批评克莱茵的儿童分析方法； 《国际精神分析杂志》开展论坛捍卫梅兰妮·克莱茵	
	1927　注册精神分析学院候选人
	1929　开始参加英国精神分析协会科学会议
	1931　出版第一部著作《儿童期障碍临床笔记》
1932　出版关键性著作《儿童精神分析》	

续表

年代表	
	1933　结束和詹姆士·斯特拉齐的分析
	1934　被正式认证为成人精神分析师
	1935—1944第一阶段：环境-个体组合
1935　引入"抑郁位置"概念；出版关键性著作《躁狂-抑郁状态心理病因考》	1935　被正式认证为儿童精神分析师（第一个获得该职称的男性）；成为英国精神分析协会正式会员；发表准入论文《躁狂防御》
1938　西格蒙德·弗洛伊德和安娜·弗洛伊德逃难至伦敦并加入英国精神分析协会	1935—1941　接受梅兰妮·克莱茵督导；开始和琼安·里维拉的第二段分析；成为克莱茵指定的五名克莱茵学派分析师之一
1941　在德军轰炸伦敦期间撤退到苏格兰	
1943—1944　英国精神分析协会科学会议专门讨论克莱茵在理论与实践上做出的发展	
1944　失去在英国精神分析协会中的显赫地位	
	1945—1959第二阶段：过渡性现象
	1945　在英国精神分析协会呈报《原始情绪发展》一文

年代表	
1946　引入"精神病性焦虑""分裂性机制"（分裂和投射性认同）及"偏执-分裂位置"三个概念； 出版关键性著作《关于一些分裂性机制的笔记》	
	1947　在英国精神分析协会呈报《反移情中的恨》一文
	1948　在英国精神分析协会呈报《和母亲组织性防御抑郁相关的修复》一文
	1951　在英国精神分析协会呈报《过渡性客体与过渡性现象》一文
	1954　在英国精神分析协会呈报论文《精神分析设置中退行的元心理学与临床观》
1955　"原初嫉羡"概念	
	1956　成为英国精神分析协会主席
1957　出版关键性著作《嫉羡与感恩》	1957　出版了两本新书：《儿童与家庭：最初的关系》和《儿童与外在世界：关于发展中的关系》； 在英国精神分析协会呈报论文《独处的能力》
	1958　出版论文集《从儿科学到精神分析》
	1960—1971第三阶段：客体使用

年代表	
1960　9月22日于伦敦逝世	1960　呈报论文《亲子关系理论》并撰写《从真假自体角度看自我扭曲》
	1962　在英国精神分析协会呈报论文《论担忧能力的发展》和《道德与教育》
	1963　从帕丁顿·格林儿童医院退休； 呈报论文《沟通与非沟通导致的某些对立面的研究》
	1964　出版《妈妈的心灵课》（又译《儿童、家庭与大千世界》）
	1965　第二次成为英国精神分析协会主席； 出版《家庭与个体发展》一书，并开始筹备《小猪猪的故事》（该书于温尼科特逝世后在1977年出版）——讲述和一个小孩子的16次治疗小节
	1967　发表论文《儿童发展中母亲与家庭的镜映角色》
	1968　被授予詹姆士·斯宾塞儿科学奖章；在纽约精神分析协会呈报论文《客体使用》

年代表	
	1969　围绕《客体使用》一文继续研究，并开始筹备出版《游戏与现实》和《儿童精神病学中的治疗性咨询》（两本书都在温尼科特逝世后的1971年出版）
	1970　开始以创造力为主题的写作
	1971　为在维也纳召开的第27届国际精神分析协会大会撰写论文《攻击性的精神分析概念：理论、临床与实践》； 1月25日于伦敦逝世

术语表

此术语表旨在定义两位作者在全书中使用的一些特定术语。如需深入理解克莱茵及温尼科特所使用的术语，请参考两位作者所撰写的两本主要参考书——欣谢尔伍德的《克莱茵学派理论辞典》（1991）和艾布拉姆的《温尼科特的语言》（2007a）。

攻击性（aggression）

攻击性的概念是克莱茵与温尼科特就死本能问题上的一个重要分歧点。

欣谢尔伍德： 克莱茵视攻击性为生命之初紊乱情况的源头。爱与恨同时被激发，如弗洛伊德所描述，它们来自躯体部位，例如性敏感区。一开始，克莱茵比较简单地将攻击性视为挫折的结果，但之后她从更多的心理源头中找到了嫉羡的根源。克莱茵又将焦虑和精神痛苦重新解释为对愤怒可能会淹没爱的感受的恐惧。因此防御被建立起来，旨在保持爱与恨这两种感受之间的平衡状态。

艾布拉姆： 在温尼科特的建构中，生命一开始的攻击性和婴儿的活动与运动性为同义词。他将其称为"原初攻击性"，并指出本能的攻击性最初是食欲的一部分。因此，这是一个关于良性攻击性的概念，这种良性攻击性是生本能的动能。随着婴儿继续发展，攻击性改变了性质，而如何改变则完全依赖于婴儿所处的环境。如果婴儿得到了足够好的养育，攻击性就会被整合进人格和自体感之中。但如果婴儿的环境失败了，攻击性则会以一种摧毁性及／或反社会的方式展现出来。温尼科特对于攻击性的理解有一个演变过程，在他的晚期作品中，攻击性几乎是他提出的所有重要概念中的关键性元素，这些概念包括反社会倾向、创造性、足够好的母亲、过渡性现象、真自体与假自体，以及客体使用等（Abram，2007a，pp. 15-40；2012a）。

焦虑（精神痛苦）［anxiety（psychic pain）］

欣谢尔伍德： 克莱茵最终认为，最重要的焦虑与自体及客体能否幸存的根本议题密切相关。（尽管这种焦虑后来被嵌入弗洛伊德所描述的神经症水平的俄狄浦斯期焦虑。）

艾布拉姆： 在温尼科特看来，焦虑的主观性体验中存在两种根本的特性形式，而它们都是由精神（环境）所导致的。如果（精神）环境在生命早期存在缺陷，那么就会出现无法想象的原始焦虑，并因此导致精神病性防御（见第六章）。但如果有一个足够好的环境，则会出现另一种特性，即俄狄浦斯期的阉割焦虑。

儿童分析（child analysis）

见"游戏技术／儿童分析"。

临床范式（clinical paradigm）

"范式"这一术语取自托马斯·库恩（Thomas Kuhn）开创性的工作，他在其1962年的著作《科学革命的结构》一书中引入了这一说法。库恩关于科学革命的理论被巴西哲学家杰尔科·罗派克（Zjelko Loparic）

用来理解从弗洛伊德到温尼科特所发生的"范式转变"（Loparic，
2010）。

在本书书名中，我们加入了"临床"一词，用以强调对克莱茵和
温尼科特而言，临床实践是对任何精神分析理论和技术进行总结的先决
条件。"临床范式"指的就是一系列基于临床实践所提炼出的"指导性
原则"。

担忧（concern）

欣谢尔伍德：无论对克莱茵而言，还是对温尼科特而言，担忧的感
觉是一种重要的情绪与心理状态。克莱茵认为担忧占据了抑郁位置的中
心地位，它以识别出之前曾经伤害了被爱的人来表达爱。担忧和内疚紧
密相连。

艾布拉姆：温尼科特大致上同意梅兰妮·克莱茵对抑郁位置的建
构，并且直到1960年前，曾多次在文章中引用这一术语。然而，从1960
年起，温尼科特在他的后期作品中修正了克莱茵的理论，聚焦在婴儿如
何获得担忧"能力"的过程上。温尼科特对于"担忧"能力发展的强调
和他提出的环境母亲与客体母亲最终合为一体的理解之间有着密切的关
系（见第三部分对话）。温尼科特的描述不同于克莱茵的描述，后者强
调偏执–分裂位置中心理上的"好"与"坏"的划分。

涵容（containing）

欣谢尔伍德：严格地讲，"涵容"（或"容器–容纳物"）并不是
克莱茵创造的术语。它是威尔弗雷德·比昂大约在1959年提出的概念，
而这一说法来自荣格。不过，这个概念和克莱茵的重要发现，即投射性
认同密切相关，因此在今天，我们不能抛开克莱茵学派的精神分析去理

解涵容的概念。

涵容的概念指的是，在生命最早期，心理发展通过母亲／照顾者内化为婴儿心理状态的过程。例如，当婴儿啼哭时，母亲变得警觉，并进一步将之赋予一个意义；之后她通过相应的行为来向婴儿表达这个意义（例如，如果婴儿是因为饥饿而哭泣，那么相应的行为就是喂食）。婴儿通过这一过程来习得自身感觉的含义。

比昂"容器-容纳物"的概念和温尼科特"抱持"的概念有许多相似之处，但我们还是应该谨记两者的根本性区别。

反移情（countertransference）

欣谢尔伍德：反移情作为一个概念，从一开始（直至今天）其价值就饱受争议。最早，弗洛伊德及其同事对于分析师对其病人的情绪反应持有强烈的怀疑态度，而当时荣格、费伦齐等分析师和他们的病人卷入了相当可疑的行为中。这一怀疑态度在1940年代发生改变，尤其可见于宝拉·海蔓（当时她还是克莱茵小组中的一员）和阿根廷的海因里希·莱克（Heinrich Racker）的著作中。温尼科特也在他的一篇早期论文中写了自己对反移情的理解，指出反移情是分析师在工作中重要且真实的一面。

克莱茵从未接受这一对反移情理解的变化，仍然对其抱有质疑态度，并强调分析师的主观体验并不十分可靠。然而，她的学派却接受了新理解，并将其用作评估病人和分析师无意识沟通的一种重要方式。

但克莱茵学派和独立学派对于反移情的使用还是有所不同的。独立学派的分析师在跟随其反移情感受时更加具有冒险性，而克莱茵学派的分析师则在任何时刻都想要获得更多证据来支持他们感受的有效性。

艾布拉姆：温尼科特属于最早一批发展反移情概念的分析师，他在1947年就写了《反移情中的恨》这篇文章。在该文中，温尼科特区分了三种类型的反移情，其中一种是具有病理性质的，因此也意味着分析师本人要接受更多的分析。他在文中列举的临床案例彰显出他如何将反移情应用于临床工作中。其中最重要的观点就是和精神病患者工作中所产生的"恨"必须被分析师承认，否则这一工作中所产生的恨就会导致临床工作者（包括分析师和精神科医生）严重的"见诸行动"。温尼科特认为，脑叶切断术或脑叶白质切除术就是对无法承认的恨的"见诸行动"。

创造客体（creating the object）

见"理论首次喂养"。

死本能（death instinct）

欣谢尔伍德：克莱茵认为，人类婴儿有着各种遗传的潜质。她认为，我们也遗传了幻想的潜质——尤其是和客体关系相关的幻想。这些幻想也许是无意识的，但是在意识层面和无意识层面，它们都具有动机性质。这就如同哲学家们所提到的命题逻辑。不过本能对于克莱茵而言并不是弗洛伊德所描述的能量。弗洛伊德根据费克纳发现的反射弧，以及从刺激到反应的真实电能流动而建立起自身的理论。这一点也是温尼科特和克莱茵两人之间重要且明确的不同之处。

克莱茵发现，婴儿有一种感觉，即一些邪恶的事物有意伤害其自体。她将这种感觉视为爱的另一极，并倾向于将之称为恨。她认为，在儿童游戏中，她观察到了儿童使用游戏挣扎着要让爱战胜恨。最终，她将这一爱恨两极和弗洛伊德的双本能理论做了联系。

克莱茵是否就是一个和弗洛伊德一样的本能理论家并将动机视为一

种能量的生物表现形式，这一点一直不甚明确。事实上，克莱茵并没有像弗洛伊德那样描述本能，她也可能并没有完全理解到她在这个概念上所展现出的根本性不同。也许苏珊·艾萨克（1948）对本能概念的建构更为清晰。艾萨克将本能描述为基于生物的潜质，它允许一个人和熟悉的客体体验关系。所谓"天生固有的"并不意味着有一个天生固有的能量模型。相反，安全包含在个体内部的发现和爱一个好客体的能力能够促使其在与他人互动时形成良性体验的能力——从某种意义上说，爱滋生爱（但同样的，恨也滋生恨）。这并非一个能量的经济学原则。

艾布拉姆： 温尼科特同时拒斥了弗洛伊德和克莱茵的死本能概念。这恐怕也是温尼科特和弗洛伊德之间最主要的不同观点。温尼科特也在其晚期作品中谈到了这一点（Winnicott，1969a）。在他后期的文章中，温尼科特更为贴近古希腊哲学家恩培多克勒的理念，后者提出了一种爱／斗争力——它就如同火，可能具有建设性，但也可能具有摧毁性（Winnicott，1969a）。

抑郁位置（depressive position）

欣谢尔伍德： 抑郁位置是克莱茵的一个重要概念。她认为，她的儿童病人们在游戏叙事中持续表达出攻击性，但这种攻击性又让儿童们害怕其会伤害甚至杀死他们最爱的客体。克莱茵也认为，这些叙事从最早期开始就以幻想的形式存在于儿童心理中了，并且会伴随他们一生。她将这一过程和弗洛伊德关于抑郁的理论（Freud，1917e）做了关联。弗洛伊德曾提到，过度的攻击性可能导致对爱的客体丧失的哀悼出现问题。克莱茵的分析师及导师卡尔·亚伯拉罕曾和弗洛伊德在这个理论上有密切合作。但是，克莱茵通过对儿童病人游戏的观察，进一步对弗洛伊德的理论做了两个发展。

第一个发展是，克莱茵从儿童想象中浮现出的游戏观察到儿童在其心理中似乎贯注着这些事——她认为，攻击性导致了内部爱的客体的丧失。在当时（1930年代），人会哀悼一个丧失的内部客体的想法令人相当费解。与丧失和哀悼相关的便是一种要去修缮、弥补和将事物恢复原状的驱力，这一过程被称为"修复"（见"无意识幻想""内部客体"）。

第二个发展是，克莱茵指出这些幻想中显示出了识别外在世界及真实他人的重要性。所爱之人，无论多么充满爱、多么被需要，都绝不可能是完美的；他们有时会让孩子失望，导致孩子产生（甚至可能是过多的）挫败感和攻击性。这意味着抑郁位置是一个关键状态，因为人开始意识到所爱之人的现实性、自身感受的现实性，以及让人警觉的攻击性力量——它可能摧毁爱与依赖。

克莱茵认识到，在抑郁位置上因曾经伤害他人而感到遗憾、后悔，便是生命早期及整个人生中对他人的担忧与关心的来源。这一源泉的形式是内疚，而成功修通抑郁位置后，内疚便会从惩罚形式转变为修复形式（见"内疚"）。

关于温尼科特对于抑郁位置的观点请参考"担忧"。

自我（ego）

欣谢尔伍德："自我"（ego）这个词是弗洛伊德著作的英文翻译者们创造出的新词。克莱茵最早是在布达佩斯德语区接受分析训练的。在德文中，弗洛伊德使用了人们更熟悉的"ich"，即主格的"我"（I），来指代"自我"。因此，这个术语实际更个人化、更具存在主义意味。而克莱茵希望保持这一蕴意——尽管她也使用ego一词。但在其他学者可能会使用"自我"（ego）的地方，她会使用"自体"

（self）。这凸显出克莱茵并不区分对病人的技术性视角和以病人体验为出发点的更为个人化的视角。

艾布拉姆：温尼科特区分了"自我"和"自体"。他将"自我"定义为自体的一个特殊方面，负责组织与整合精神间的体验，同时形成精神内的客体关系世界。在他的晚期作品中，温尼科特提出自我早于自体出现，并依赖于母亲的原初母性贯注，这为婴儿提供了"自我-覆盖"。

环境（environment）

艾布拉姆：在1923年之前，弗洛伊德的工作重心在于心灵的地形学模型，这一模型并未考虑主体的环境。相反，该模型认为与本能相关的心理性欲发展塑造了人格。1923年，弗洛伊德在《自我与本我》（1923b）一书中引入了"结构模型"，在此他修正了他对环境的观点，指出自我有三个主人——本我、超我，以及外部世界，即父母。在1940年代早期，温尼科特开始意识到"没有婴儿这回事儿"，一个婴儿总是和一个重要他者/母亲关联着。这一观察让温尼科特建构了环境-个体组合的理论。这也是他第一个重要的理论成就（见第二章）。

嫉羡（envy）

欣谢尔伍德：1957年，也就是克莱茵职业生涯晚期，距她去世还有三年，她指出了嫉羡的关键角色，并提出它是恶中之恶。她认为嫉羡是一个畸态，却普遍存在。在偏执-分裂位置上，客体被错误地感知为全好或全坏，因此也被相应地爱着或恨着（见"偏执-分裂位置"）。然而，克莱茵也慢慢地认识到，有时候好客体被憎恨恰恰是因为它是好的。婴儿深深地需要好客体才能幸存下来。这种依赖——加上被依赖客体的独立性——让婴儿很难承受这一困难情境。尽管有一个爱你的客体非常重要，但它的存在也告诉你，你没有它所拥有的那些资源。这个客体被憎恨恰恰是因为它的"好"被需要——它的存在彰显出自体不够好且无法独立存活。这种对好客体的需要及好客体的独立性刚好让它的"好"成为一种严重的挑衅。克莱茵认为嫉羡是一种极为痛苦的状态，它会引发一些特定的防御方式。

艾布拉姆：温尼科特同意克莱茵的观点，他也认为未被承认的嫉羡会导致深层问题并引发病理情况。可以被承认的嫉羡，例如憎恨与施虐，则是个体在与环境的互动中演化出的情绪。因此，温尼科特认为这些情绪实属发展成就，它们可以在健康状态下被整合进人格中，但在疾病状态中则会导致严重的紊乱。

外部客体（external object）

欣谢尔伍德：与大多数精神分析流派及温尼科特的观点不同，克莱茵认为最早阶段的自我有边界感，并能觉察到自己之外存在着一个世界。在最早阶段中，外部世界被体验为一个外部客体，它的特征由婴儿所感受到的自身状态所决定。如果婴儿感到舒服，那么这个外部客体就被感受为"好的"；但如果婴儿感到不舒服，那么它就被感受为"坏的"。婴儿的身体状态以一种生物性方式确定了外部客体如何被感知，直到其感知觉能够真正地勾勒出更为现实的画面——这就开启了对客体的抑郁位置的认识，即客体被体验为同时拥有好的部分和坏的部分。

艾布拉姆：温尼科特从1945年起就开始发展环境-个体组合的概念。因此，个体的自体被印刻着最早期的环境（见第六章）。亲子关系在其中扮演着重要角色，它塑造了每个人的内部世界。从这个意义来讲，外部客体影响了自体感的发展。但温尼科特强调的是，婴儿和成长中的孩子如何"造出"他的环境。外部客体是被每个个体"创造"出来的。环境-个体组合在分析设置中会从无意识水平上做出重演，也会影响到移情和反移情。

感恩（gratitude）

欣谢尔伍德：克莱茵接受了亚伯拉罕"完整客体的爱"的概念。不过，亚伯拉罕认为它是通往成熟的一步，而克莱茵则认为它是一种早期情绪反应。当外部客体提供婴儿所需（例如喂食）时婴儿不仅会在身体上有满足感，也会对客体提供这种满足感到谢意和感恩。客体因此不仅仅是令人满足的，也是善意与好心的。换一种说法就是，客体希望婴儿能够存活，而感恩就是克莱茵版本的生本能。客体支持了婴儿也想要活下去的愿望。双方由此（对观察者而言快乐地）共同协作。

艾布拉姆：在温尼科特看来，感恩和担忧能力相关。当婴儿能够逐渐认识到他的母亲是一个独立的客体时，他也就开始意识到她为他所做的一切。这让婴儿产生担忧之情，它和罪疚感相关，因为此前婴儿并没有注意到这些。在一个足够好的环境中，这会进一步让婴儿产生感恩之情和爱。

内疚（罪疚）（guilt）

欣谢尔伍德：关于如何理解内疚（罪疚），克莱茵最终和弗洛伊德渐行渐远。弗洛伊德认为罪疚感完全来自儿童从三岁起内摄的俄狄浦斯期父母，但克莱茵则看到，更早阶段的孩子就试图在游戏中展现出他们为自身冲动所困扰。也就是说，他们正对一种憎恨着所爱之人的内部状态做反应（见"抑郁位置"）。他们认为自己要为自身攻击性后果负责，并且有时会为他们可能会做什么及可能已经做了什么而深深担心，甚至会达到极端震恐的情况。

由于这类自我评估开始于偏执-分裂位置早期，因此从婴儿的体验来讲，他对攻击性的态度就和他针对坏客体感受到的攻击性同样猛烈——事实上，他自己此时就变成了一个坏客体。有恶意的坏客体不仅被内化（内摄），还将内部世界渲染上了一层恶意。克莱茵认为，正是这种"有些东西坏了"及内部的自我攻击形成了超我的源泉。

这样，原始超我就可以被描述为来自之后克莱茵所谓的——"死本能"。只有到了后来，随着家长对孩子施加鼓励和批评，这一原始超我才开始慢慢承担起社会化和道德化的功能。

内疚因此开始于最严酷的体验，随着婴儿逐渐对现实有了更为准确的认知，这种严酷才能有所缓解，但绝不会彻底消失。也就是说在早期，自我批评被婴儿体验为盼望着婴儿死掉的坏客体的迫害，婴儿就此实施报复性的自我惩罚。如果能从这一状态过渡到后面更具有修复性的状态，即自我试图弥补、扭转其所认为的曾经做过的错事，那么这种转变实属良性发展。

艾布拉姆：温尼科特认为婴儿的罪疚感和他逐渐感知到母亲和自己不是同一个人而是一个独立个体这一点有关。此时，婴儿回忆过去，就能够意识到他此前对待母亲是"无情"的，那时候他还无法区分他从她那里需要什么，以及这种需要有可能会给母亲造成什么影响，即他因需要造成的伤害。因此，这种"罪疚感"其实是担忧能力固有的一部分。前文提到，温尼科特修正了克莱茵的"抑郁位置"，更为强调罪疚感积极和健康的一面——这一部分进一步促成了洞察能力的形成，从而让一个人能在总体上照顾自我并照顾他人。

抱持（holding）

艾布拉姆：在孩子出生前至出生后的一段时间中，母亲照护过程的所有细节共同组成了抱持性环境。其中，母亲的原初母性贯注是抱持性环境的核心，并让母亲有能力给生命初期的婴儿提供他需要的所有自我-支持。如果缺乏情感和照护，那么肢体的抱持就变得毫无意义；而母亲的情感和照顾会被婴儿从身体层面和情绪层面内化。抱持也包括了母亲在婴儿生命早期的镜映角色——母亲能够镜映婴儿的情绪，这是因为她能够深度认同婴儿绝对依赖的困境。抱持常被用来类比涵容，但这个概念不应和比昂的"容器-容纳物"概念混淆。两个概念虽有相似之处，但是它们来自不同的理论范式——"容器-容纳物"的基础是克莱茵的理论范式，"抱持"概念则建立在温尼科特范式的基础上。

（全能感）幻象 ［illusion（of omnipotence）］

艾布拉姆：想象力最早源于婴儿感到他能够获得他所需要之事物。母亲同频婴儿躯体及情感需要的能力帮助婴儿感觉到自己创造了世界。游戏的能力也建立在婴儿成功感受自己"具有神力"的基础上。

欣谢尔伍德：幻象的本质是想象力、象征力和文化的本源。它实则是将"一个事物"看成仿佛是另一个事物的能力。当这种能力为象征力所用时，象征符号就代表了另一件事物——即感到两者似乎等同，但也没有忘记它们其实并不相同。打个比方，我们使用词语，就好像它们和它们所代表的意思等同，但我们也知道它们本身和所代表之事物其实并不相同。克莱茵可能并不同意温尼科特的观点，她不认为这个能力从出生起就已经存在（见"象征化"）。

印刻（inscription）

艾布拉姆：这个术语来自法国精神分析（Roussillon，2010）。婴儿发展中的自体感通过早期亲子关系被印刻上了家长对婴儿依赖和发展各个方面的精神回应（见第二章）。每个个体的自体感中都印刻了他的早年养育环境，这可以说是精神上的起源连续性。

内部客体（internal object）

欣谢尔伍德：继发展儿童精神分析的工作后，克莱茵进一步对更为严重的心理障碍产生了兴趣。她从对儿童的观察中看到，儿童的心理由对他人关系和叙事的幻想所组成。这种对他者的贯注因而着重指向了对客体的体验。这些客体也包括了那些在游戏的幻想情景中外化的客体。

内部客体是表征的造物。当我们使用我们的视觉器官时，我们"看到"了一个充满客体的世界，这些客体相互关联地被置换到我们周围的世界中。我们知道，"看见"只是光和视网膜互动而引发一系列化学反应和电脉冲的结果但我们只看到了视野中的表征物。虽然没有用这样的语言来描述，但克莱茵似乎认为一个婴儿会经历一个类似的过程，即将感觉事件通过中转站转换为身体内部接收器的体验。这些来自身体的感受被"体验"为身体所处空间内彼此联系的各种客体。

克莱茵认同弗洛伊德的观点，认为在生命初期，心理和身体并没有明确的界限。吞咽奶水的心理体验对于婴儿来说和吸纳进给予奶水的母亲（内摄）没有太大差别。事实上，克莱茵认为某种身体状态，例如饥饿，其实就是"某个讨厌的东西真正存在于婴儿肚子里，存心想让婴儿不舒服"的感觉。相应的，将这个讨厌的东西（"坏"客体）驱逐的喂奶其实就是母亲（作为"好"客体）真正进入婴儿身体内部并创造出满意的感觉。从婴儿的游戏中可以看出，对婴儿来说，他们的内部世界就是一个充满实在小生命的世界。这些小生命对婴儿有着或善意或恶意的企图——它们被称为内部客体。

艾布拉姆：虽然温尼科特会使用内部客体的概念，但是他并不认为内部客体从生命之初就已经存在。相反，他认为婴儿在一定量的需要被适应后，逐渐内化了亲子关系的影响。换言之，内部客体是经历内化过程后形成的，而非天生就存在。

温尼科特提出了"主观性客体"（subjective object）的概念。它指的是早期亲子关系的产物——那时母亲处在原初母性贯注的状态中。

解释（interpretation）

欣谢尔伍德：弗洛伊德从其早期著作起，就认为对于无意识冲突和焦虑在意识层面的洞察是精神分析的核心工具，这也是区别暗示性或其他类型治疗的重要特征。病人常常满心犹豫地去接受这些和他们自身相关的点滴认识，这种反应被称为阻抗。对于为何会产生阻抗，以及该如何去处理阻抗存在着非常多的不同意见——例如对于理解和责任带来的痛苦的恐惧，或者是因为负移情而产生的敌意，或者是对分析师能力的嫉羡。

克莱茵认为最有效的策略就是真相本身，即以一种尽可能温和的方式去挑战病人的犹豫、恐惧和因阻抗而生的攻击性。在当代的克莱茵学派传统中，"真相"的含义是病人和分析师通过容器-容纳物（由比昂提出）共同发现的——也就是说，真相的含义来自分析师尽其所能地先去抱持这部分痛苦体验。

艾布拉姆：尽管温尼科特也认为解释是精神分析实践的一个主要元素，但他更强调分析师要考虑到病人接受解释及游戏的能力（亦即自由联想）。如果病人缺乏游戏能力，那么分析师就必须通过解释性评论来促进其理解。温尼科特在后期著作中给予抱持性环境特殊地位，他认为抱持性环境在任何一段分析中都具有重要地位，并且应能逐渐为分析师做出突变性解释做好铺垫。虽然这一看法建立在斯特拉齐关于精神分析治疗性行为的观点之上，但温尼科特更为强调的是分析师通过分析实践的核心——过渡性和移情性元素——促进病人发现真正的自体。

环境母亲与客体母亲（mother，environment/object）

欣谢尔伍德：克莱茵和温尼科特都视母亲（或主要照顾者）为婴儿世界中的首要元素，甚至在一开始是婴儿世界的全部。这一原初关系渲染了之后所有关系和体验的色调。克莱茵认为这些内容会根据抑郁位置及偏执-分裂位置上的焦虑、幻想及相关防御表现出来。

关于温尼科特对于"环境"的理解，请参考词条"环境"。

客体使用（object use）

见"客体幸存"。

全能感（omnipotence）

欣谢尔伍德：温尼科特观察到婴儿需要体验到全能感幻象，但克莱茵学派对此的观点很可能是——它是一种防御形式（见第五部分的对话）。

艾布拉姆：温尼科特使用"全能感"一词来指代这样的情况，即当婴儿的需要被满足时，他感觉自己是上帝［见"（全能感）幻象"词条］。但这种情况应和病人全能感的躁狂防御进行区别。对后一种情况，温尼科特会说它源于早年（全能感）幻象的缺乏。全能感幻象是婴儿感觉自己创造了客体这个过程中必不可少的元素。

偏执–分裂位置（paranoid–schizoid position）

欣谢尔伍德：梅兰妮·克莱茵通过儿童分析的方法所得到的观察让她确信，儿童在将他者（客体）视为好的或者坏的之间摆荡。也就是说，这些客体具有自身的意图（通过儿童游戏时选用的玩具来赋予），并且通过和其他客体间的互动展现出来。这是一个"好"与"坏"两极对立的世界，而儿童正是以这种夸张的极端方式看待自己所处的世界的（有时成人也会如此）。但这些客体的性质不一定是恒定的，很可能会从好的变成坏的，或者从坏的变成好的，并且随着时间推进，促使抑郁位置上可能的问题的出现。偏执–分裂位置的决定性特征就是对客体的分裂——客体好的一面被看作这个客体的全部，或者客体坏的一面被视为该客体的全部。一开始，一个有好有坏的客体会被当成两个客体——一个好客体和一个坏客体。这导致相当纯粹且强烈的感受体验。尤其需要指出的是，携带着伤害或杀戮企图的坏客体会引发剧烈的震恐。有时候几岁的儿童会通过梦魇或夜惊表达出这种恐惧。而怀揣着让婴儿幸存、茁壮成长意图的好客体则会被婴儿以极大的快乐所体验。

将客体两极分化为好与坏会不可避免地将儿童的注意力转向自身爱与恨的能力，而儿童将会意识到自己不同的反应也处于战争之中。对此的解决方式类似于对自体的分裂。随着儿童愈发成熟，对自体的分裂就变成了分裂掉自体的某些部分。这些被分裂掉的部分是那些会让自己感到无法承受的功能。通常这意味着分裂掉的是客观感知的能力，尤其是客观感知自身的能力。常见情况如儿童为了不体验到罪疚感而失去了内疚的能力。

内疚是一个很好的例子，它还可以展现出偏执–分裂位置上的另一个重要特征。如果一个人为避免体验到为什么事情感到内疚而实际上分裂掉了自己的良知，那么他就有可能将罪过归咎于其他人。用更通俗一些的心理学语言讲，这个人做了一个"反指控"（counteraccusation），将内疚归罪于另一个客体（有时候正是他可能伤害的那个客体）。这个过程被称为投射性认同，这一机制早已被克莱茵学派之外的精神分析师所承认和接受了。

艾布拉姆：温尼科特认为，克莱茵关于偏执-分裂位置的理论生动地描述了一种精神病性的心理状态。成年病人常常因为分析设置被调动出这种状态。但是，温尼科特不认为这种心理状态就可以用来勾勒新生儿的状态，因此他才说出"早不等于深"这样的话。新生儿还没有累积足够多的亲子关系经验以拥有产生这种心理状态的能力。此外，那些足够幸运、拥有一个足够好母亲/环境的婴儿可以享受到一个与偏执-分裂位置所描述的完全不同的环境。对温尼科特而言，偏执-分裂位置很好地刻画出一个遭受有缺陷早期环境的婴儿所处的状态。

游戏（playing）

艾布拉姆：如第二章中已指出的，温尼科特在很高程度上受到克莱茵使用小玩具和儿童工作的方法所影响。不过，到了晚年，他发展出一个和象征性思维及自由联想相关的游戏理论。在第三领域——过渡性现象——中游戏的质量和"创造性生活"意思相同，它组成了自体体验的基础。在精神分析体验的语境中，游戏的能力是病人能够获得的最终成就，因为温尼科特认为只有通过游戏，一个人的自体才能被发现并得到强化。

游戏技术 / 儿童分析（play technique/child analysis）

欣谢尔伍德：克莱茵所发展出的特定方法来自她最早开发出的儿童精神分析方法。她使用自由游戏的方式，提供给孩子们一些玩具，以此替代成人分析中言语上的自由联想。她注意到游戏中出现的抑制，这在成年病人身上表现为对于联想的阻抗。不过她认为有成效的干预和与成人进行分析工作是一样的；她会做出解释，将她看到的儿童游戏中的故事用词语表达出来。也就是说，对未明说的无意识幻想的洞察在儿童和成人分析中都是举足轻重的治疗性因素。

原初母性贯注（primary maternal preoccupation）

艾布拉姆：温尼科特使用这个术语来描述母亲在生产前不久及生下孩子后的数周内的心理状态。婴儿的健康发展和母亲是否有能力进入这种心理状态密切相关，因为在这种状态中，母亲可以完全认同婴儿由于依赖所处的困境。

精神创造性（psychic creativity）

艾布拉姆：温尼科特提到了创造性驱力，我将之理解为对弗洛伊德生本能概念的延伸。恰是母亲适应婴儿需要的能力促进婴儿感觉到自己创造了客体。正是从这里开始，人的自体感得以发展。原初精神创造性也和温尼科特晚期著作中提到的女性元素有关，它是"创造性生活"及"真实感"的基础。

精神痛苦（焦虑）［psychic pain（anxiety）］

欣谢尔伍德：斯特拉齐在1934年发表的关于解释的划时代性的论文

中提出，病人所带来材料中的"急迫点"应是解释的焦点。它将注意力引向一个治疗小节中的情感时刻，并要求给予其至少和联想主题内容同样多的重视。这一观点的形成有可能是受到同时代梅兰妮·克莱茵的影响，她当时的兴趣所在正好是焦虑水平最高峰。

精神过渡性（psychic transitionality）

艾布拉姆：我使用这个术语来指代和"创造客体"及"幻象"相关的情感历程。它指的是在分析情景中，一种演变着的游戏和成长的能力。

精神病性焦虑（psychotic anxiety）

欣谢尔伍德：克莱茵认为，她对于心灵最重要的发现就是她看到在俄狄浦斯神经症水平冲突下，还存在更深层的无意识内容。在这个水平中，焦虑关乎心理或自体组成物本身。这个水平中的焦虑可被感受为湮灭，就如一些处于精神分裂症发作期的病人可能会感受到的那样。"失心疯"（losing one's mind）也恰是日常语言中用来描述疯狂的词语。克莱茵延续了卡尔·亚伯拉罕与严重精神紊乱病人的工作，在这样的病人身上，投射、内摄及分裂的过程打破了病人自体本身的平衡，但它们同时是一种管理深层焦虑的手段。具体而言，有两种焦虑，一种是部分或整体被湮灭的焦虑——迫害性焦虑（见"偏执-分裂位置"），另一种是自体内部迫切需要的好客体被摧毁——抑郁性焦虑（见"抑郁位置"）。

现实原则（reality principle）

欣谢尔伍德：克莱茵认为，婴儿在早期必须去应对一个世界充斥着活客体的现实。在能够完全掌控远距离感知前，婴儿尽全力使用其幻想能力，以尽可能对自己便利的方式看待世界。

克莱茵认为，这意味着既要考虑、管理外部世界的客体／各色人等，也要考虑、管理具有情感色彩的由内部客体所组成的内部精神世界。因此从生命早期开始，简单的需求和满足体验就会激发情绪及强有力的类似叙事的体验，尽管这个过程不一定能被观察者所见（见"无意识幻想"）。而婴儿必须确定自身的情绪不会伤害或摧毁其在外部或内部现实所需要的那些客体。这个过程在抑郁位置之初会变得尤为激烈，因为在那个时期，身体需求可能会导致强烈的攻击性，甚至淹没了所爱、所感恩的客体［见"攻击性""嫉羡""内疚（罪疚）"］。

对解释的回应（response to interpretation）

欣谢尔伍德：梅兰妮·克莱茵发现，仅仅通过对无意识进行解释，就可出现效果——在一些情况中效果显著。其中最重要的可见结果便是儿童的游戏变得更不受约束，更充满想象力。她认为这意味着当儿童感到被分析师理解后，他们的焦虑也减轻了。这是她在儿童分析中反复观察到的情形，因而也让她十分确信一点，即解释无意识内容对于儿童至少和与成人工作中的解释同样有效，甚至更有效。但这背后有一些她坚守的解释条件——首先，解释要以儿童可以理解的语言做出，即对于身体部位和各种功能的描述要用小宝宝的语言；其次，她不会解释精神分析理论，除非她完全确定儿童通过游戏向她展示了某个特定的叙事故事（例如，俄狄浦斯情结）。

她也将这些原则运用于和成人的工作中，以及督导分析师（1930年）的工作中。由于她强调要在游戏中观察即刻情境中的游戏展现，因此很自然地，她也强调在分析中注意关系在即刻情境中的展现与演变

（此时此地）。她不太强调婴儿关系的早期模式，而更倾向于关注当下所发生的事，如治疗小节中移情的实在变化，因为它指向此时此刻无意识中正活跃的幻想关系。这一方式更看重当前活跃的幻想，而非过去的创伤。其背后的原因已在之前提到的斯特拉齐的论文中有所说明。在该文中，斯特拉齐特别指出，病人会根据当前自身活跃的情感期待来扭曲对分析师的移情。而只有在治疗中的当下，病人才有机会去对他对分析师的（扭曲的）期待进行现实检验。

克莱茵所做的解释有两个明显的特征。第一个特征是对焦虑的强调。这种强调引发了一个争议，即解释之所以有效，究竟是因为它用言语描述了焦虑（这对病人而言常常是一个全新的体验），还是因为它指出了病人防御性的态度和行为（这对病人而言更为熟悉，他们经常会从亲人朋友那里听到对他歪曲事情的不满和批评）。克莱茵含蓄地聚焦于焦虑本身——其后，比昂用"容器-容纳物"的概念对这一过程进行了理论建构。另一个特征是，克莱茵的解释倾向于认为移情之所以有扭曲效果，是因为它转移的是病人当前无意识中活跃的部分而非过去的经历。

精神分裂样机制／分裂（schizoid mechanisms/splitting）

欣谢尔伍德： 1946年后的约15年中（梅兰妮·克莱茵生命中最后的岁月），克莱茵感到她对无意识的深层做出了重要发现——在这个深层领域中，会发生分裂、投射、内摄和投射性认同。这些是精神分裂样机制，它们都仰仗于对客体和自体的错误感知。这种错误感知来源于自体或客体在还被视为完美（理想化）或全坏时所产生的根本性扭曲。克莱茵认为这些是早期功能运作，但贯穿一生——它们始终是最底层的基本功能运作。她认为，我们都会不时回到这样的功能水平上。例如，很多在战争年代应征入伍的人，将敌人视为因其邪恶和威胁要被消灭的坏客体，因而成为杀戮者。

自体（self）

艾布拉姆： 温尼科特使用"单元体状态"这个术语来定义一个形成的自体，它和自我（ego）不同。婴儿度过了生命的前三个月、到了相对依赖期便发展出"单元体状态"。在这一发展阶段中，婴儿感知"我"和"非我"有差别的能力也得到了发展。"我"和"非我"也是温尼科特所创造的术语。它们具有情感意义，类似弗洛伊德使用主格的"我"——"ich"，而非"ego"来定义"自我"（见"自我"）。

担忧阶段（stage of concern）

见"担忧"。

客体幸存（survival of the object）

艾布拉姆： 温尼科特《客体使用》一文的核心就是"客体幸存"的概念。这个概念可说是用来替代弗洛伊德和克莱茵都支持的"死本能"概念的。个体内在良性攻击性的发展与整合有赖于"客体能否幸存"。

幸存客体和未幸存客体（surviving and non-surviving objects）

艾布拉姆： "幸存客体"和"未幸存客体"是我提出的术语。它们延展了温尼科特在其"客体使用"和"客体幸存"方面的推论。我使用"幸存客体"来指代一个精神内部的主观性客体，它来自客体在精神间幸存的无情需求。相对应地，"未幸存客体"也是一个精神内部的主观客体，它来源于客体未幸存的早期精神间关系。早期亲子关系的精神间动力形成了人类个体发展的基础，之后在分析性关系中会以移情–反移情方式重新被激活（Abram，2012a）。

象征化（symbolisation）

欣谢尔伍德：梅兰妮·克莱茵大约在1920—1932年期间发展出了儿童分析方法。但是在1930年之前，她已经开始考虑下一步可以做什么了。这意味着对亚伯拉罕1925年去世时留下的未完成工作的回顾和重新思考。1929年，克莱茵治疗了一个紊乱情况非常严重的四岁男孩，迪克，他被精神科临床诊断为精神分裂症。这个男孩在智力发展上存在缺陷，很少使用言语，并且只能以混乱的方式保持活跃。克莱茵认为这个男孩的缺陷是象征形成的缺乏导致的。克莱茵以一种较为理论的方式指出，迪克对于对其原初客体，即其母亲和父亲，有过多的愤怒这一点异常惧怕。大多数儿童能够转向其他客体（例如弗洛伊德在小汉斯案例中描述的小汉斯所做的），但迪克不能，他一旦转向一个可以替代母亲的客体、可以从头开始时，他的攻击性随即就会出现。迪克不可能去联结任何替代者，因为他内在的冲突会即刻被唤醒。

克莱茵认为，象征在简单的置换基础上形成——这个观点来自弗洛伊德所发现的梦的象征。一个事物代表了另一个事物。但克莱茵没有更多地从美学和哲学角度去了解象征这个广阔的研究领域。事实上，她在1950年代将象征的研究交给了她最有才华的学生之一——汉娜·西格尔。尽管克莱茵在象征领域缺乏足够的修养，但她对于文学、戏剧有很好的品位，这归功于她哥哥的爱好——书写诗歌。

理论首次喂养（theoretical first feed）

艾布拉姆：温尼科特使用这个术语来指代新生儿象征性思维的最早

期形态。"理论首次喂养"是婴儿的需求不断被母亲的"适应需求"所满足的聚合。它也和"创造客体""幻象"两个概念有关。

过渡性现象与过渡性客体（transitional phenomena and transitional objects）

艾布拉姆： 这是温尼科特最著名的概念之一，它和一种"生活的中间维度"（intermediate dimension of living）相关。过渡性现象指的是婴儿从与母亲融为一体发展到能够区分"我"和"非我"的心路历程。过渡性客体指的是婴儿在这个历程中所选择的一个客体——例如一个泰迪熊玩具。

无意识幻想（unconscious phantasy）

欣谢尔伍德： 因为她的游戏治疗技术，梅兰妮·克莱茵发展出了一种可以从某种意义上来说是全新的进入无意识心灵的方法——特别是小孩子的心灵，甚至可以是小至三岁的孩子。出于对小孩子游戏的观察和解释，克莱茵对于心灵的概念也不可避免地与经典精神分析的理解有所不同。弗洛伊德所开创的精神分析建立在恩斯特·布鲁克（Ernst Brücke）和古斯塔夫·费希纳（Gustav Fechner）的生理学概念上。克莱茵所看到的则是展现在她面前的游戏叙事，而非能量的释放。这一心灵的叙事模型从某个角度来说比驱力理论更容易理解和识别。因此，克莱茵的视角改变了弗洛伊德所强调的重心，后者认为本能有一个源头、一种冲动、一个目的和一个客体。克莱茵所做的改变是强调客体而非冲动——客体关系理论由此而来。

在争议性辩论期间，克莱茵被特别放置在要去为其理论和实践辩护的位置上，而她和她的团体也挣扎着梳理他们的不同观点。最终，是苏珊·艾萨克提出了方案，即"本能在心理层面以幻想来表征"（Isaacs，1948）。作为有知觉的生命，人们通过叙事过程相互联结，而体验就是基于这一形式展开的——它就是我们对感觉输入信息在心理层面的表征（见"内部客体"和"象征化"词条）。

因此，克莱茵想要突出的重点就是心理的叙事结构，而满足非冲动，这也让她意识到焦虑及餍足并识别出儿童（和成人）为他们自身的冲动忧心忡忡——他们所在意的不仅是获得满足。这样一来，"无意识"就是一个仓库，其中存放着那些令人愉悦和让人焦虑的叙事故事。

艾布拉姆：温尼科特并不同意无意识幻想是天生就有的这一观点。他的看法是，婴儿和母亲／照顾者的体验是想象力、幻象及游戏能力、成长能力的根基。它们与妄想、缺乏游戏能力、无法成长、无法发展完全不同。

完整客体（whole object）

欣谢尔伍德：这个术语有些模棱两可。它常出现在一些语境中，例如在偏执-分裂位置上，另一个人只能被部分地看到（部分客体）——其某些好的部分，或某些坏的部分，这进一步导致了对客体的理想化或贬低。无论理想化还是贬低，都是否认客体的一部分，只感知到另一部分——这被称为部分客体。一旦抑郁位置开始启动，一个人就被视为混合体，也更为接近他的整体——既好又坏。这一理解追随了卡尔·亚伯拉罕的临床描述及他对于恋物（性癖好）的理解。亚伯拉罕认为恋物癖者将个体缩减为单独的一个部分——按他的著作翻译就是一个"部分的"（partial）客体。

从另一个角度看——对于这一点亚伯拉罕和克莱茵都没有明确表达，被爱之人以两种方式体验到被爱。一是客体通过给予喂养，让婴儿实现了被满足的状态；二是，这个令人满足的客体被感觉为是想要满足婴儿的，因而被视为和婴儿有同样的愿望，对婴儿的动机与婴儿对客体的动机一致。这就引向了爱的第二个层级——对客体想要被满足这件事的爱。同样，"坏"客体被憎恨，不仅仅是因为他们不能满足婴儿的需求，也是因为他们被认为故意要让婴儿挫败、导致急需被满足的婴儿不舒服。

在亚伯拉罕看来，对爱的完整表达既包括对"被爱着"这件事的感激，也包括直接的满足需求。亚伯拉罕认为可能会出现这样的情况，即第二个层级的爱在某个过程中消失了。此时客体只是纯粹地被使用，正如恋物癖者爱某个身体特定部位并将其当作物品使用一样——他们爱的不是一个完整的人。克莱茵就此说得更含糊一些，不过，很明显的是这些观点都隐含在她晚年对于感恩（以及与嫉羡的关系）的理解中了。

克莱茵和温尼科特很可能在这一点上存在不同观点，虽说两个人都没有真正明说他们各自对此的看法。克莱茵认为，客体是活的且有自身动机的，其动机要么是善意的，要么是恶意的。而对动机水平的理解（对于善意的理解，对于恶意的理解，以及想摒除恶意的念头）是从一开始就存在的。婴儿以自身喜好将客体视为一个活物和一个主观上有觉知的存在。

中英文对照表

注：（K）指克莱茵（理论）术语；（W）指温尼科特（理论）术语；无标注者为通用术语

术语

A

absolute dependence（W）绝对依赖（期）

active self（K）主动自体

agency 能动感；（在结构理论中）代理

ambivalence 两价性情感；矛盾情感

annihilation 湮灭

antisocial tendency（W）反社会倾向

archaic object 远古客体

apperceive 统感

apperception 统觉

après coup 延迟影响；事后影响

B

basic split in the personality（W）人格的基本分裂

benign aggressive element（W）良性攻击性元素

binary narratives 双重叙事

body-self 身体–自体

C

capacity to be alone（W）独处的能力

clinical infant 临床婴儿

combined parent figure（K）联合父母形象

communication（W）沟通

compliance（W）顺从

concern 担忧

container-contained 容器–容纳物

containment/containing 涵容

continuity of being/ continuity-of-being（W）连续存在

corrective emotional experience 修复性情感体验

countertransference 反移情

creativity 创造力

creating the object（W）创造着客体

creative living（W）创造性生活

D

death instinct 死本能

deep interpretations（K）深层解释

delusional transference 妄想性移情

dependence（W）依赖

depersonalization（W）失人格化；人格解体

depressive anxiety 抑郁性焦虑

depressive position（K）抑郁位置；抑郁心位

destructiveness（K）摧毁（性）

disillusionment（W）幻灭

disintegration（W）失整合；瓦解

E

early repression mechanisms（K）早期压抑机制

ego 自我

ego boundary 自我边界

ego-coverage（W）自我–覆盖

ego's state of unintegration（W）自我的未整合状态

ego strength 自我力量

ego support 自我支持

enactment 活现

environment-individual set-up（W）环境–个体组合

environment mother（W）环境母亲

envy（K）嫉羡

erogenous zone 性敏感区

evacuation 排除

experimental infant 实验室婴儿

external object（K）外部客体

F

facilitating environment（W）促进性环境

falling forever（W）无休止坠落

false self（W）假自体

fear of breakdown（W）崩溃的恐惧

female element（W）女性元素

fixation point 固着点

formlessness（W）无形

free association 自由联想

G

genetic continuity（K）起源连续性

good-enough mother（W）足够好的母亲

good object（K）好客体

gross impingement（W）严重侵入

guilt 内疚（感）；罪疚（感）

H

handling（W）处置；照料

hate in the countertransference（W）反移情中的恨

here-and-now 此时此地

holding phase（W）抱持阶段

I

identity 身份认同

illusion（of omnipotence）（W）（全能感）幻象

imaginative elaboration（W）想象性精细加工

incorporation 纳入

inherited tendencies（W）遗传倾向性

inscribed 烙印

instinct 本能

（the）intermediate area（W）中间地带

internal anxiety（K）内部焦虑

internal object（K）内部客体

interpsychic 精神间

intrapsychic 精神内部

introjection 内摄

L

life instinct 生本能

link 联结

（the）location of cultural experience（W）文化体验之处

M

male element（W）男性元素

manic defence 躁狂防御

Me（W）"我"

mental breakdown 心理崩溃

merger 融合（状态）

microprocess 微观过程

mirror-role of mother（W）母亲的镜映角色

mutative interpretation 突变性解释

N

nachträglichkeit（deferred action）延迟影响；事后影响

natural ethics 自然伦理

Not-me（W）"非我"

non-surviving object 未幸存客体

O

object mother（W）客体母亲

object-relating（W）客体–关联

oceanic feeling 海洋般感受

Oedipus complex 俄狄浦斯情结

omnipotence 全能感

ordinarily devoted（W）平凡奉献

P

paradox（W）悖论

paranoid-schizoid position（K）偏执–分裂位置；偏执–分裂心位

part object 部分客体

patterns of relating（W）关联模式

penis envy 阴茎嫉羡

perception 感知

persecutory anxiety（K）迫害性焦虑

personalisation（W）人格化

playing（W）游戏

pleasure principle 快乐原则

primal scene 原初情境

primary aggression（W）原初攻击性

primary creativity（W）原初创造性

primary envy（K）原初嫉羡

primary integration（W）原初整合状态

primary maternal preoccupation（W）原初母性贯注

primary merger 原初融合状态

primary narcissism 原初自恋

primary object 原初客体

primary processes 初级过程

primary psychic creativity（W）原初精神创造性

primary unintegration（W）原初未整合状态

primitive agony/agonies（W）原始极端痛苦

primitive emotional development（W）原始情绪发展

projective identification（K）投射性认同

（the）point of maximum anxiety（K）焦虑水平最高峰

point of urgency 急迫点

（the）potential space（W）潜在空间

psyche 精神

psychic energy 精神能量

psychic environment（W）精神环境

psyche-indwelling-in-the-soma（W）精神安住躯体

psychic pain 精神痛苦

psychic transitionality（W）精神过渡性

psychosomatic collusion（W）精神躯体统合

R

reality principle 现实原则

regression 退行

regression to dependence（W）退行到依赖

relative dependence（W）相对依赖（期）

reparation（K）修复

resistance analysis 阻抗分析

（a）resting place（W）栖息之地

ruthless（W）无情

S

schizoid processes（K）精神分裂样过程

secondary self-splitting of the ego/self 自我／自体的次级自我分裂

self 自体

soma（W）躯体

splitting（K）分裂

splitting of the ego 自我分裂

squiggle game（W）涂鸦游戏

stage of concern（W）担忧阶段

state of mind 心理状态

sublimation 升华

superego 超我

survival of the object（W）客体幸存

surviving object 幸存客体

symbol formation 象征形成

T

talion dread（K）对报复的恐惧

temporal proximity 时间接近性

terror（W）震恐

theoretical first feed（W）理论首次喂养

therapeutic action 治疗性行为

therapeutic consultation（W）治疗性咨询

（the）third area（W）第三区域

transference 移情

transference neurosis 移情神经症

transitional object（W）过渡性客体

transitional phenomena（W）过渡性现象

U

unconscious phantasy（K）无意识幻想

unconscious-to-unconscious communication 无意识对无意识沟通

unintegrated / unintegration（W）未整合（状态）

unit status（W）单元体状态

unthinkable anxieties（W）无法想象的焦虑

use of an object（W）客体使用

W

whole object 完整客体

刊物、作品

A

A Contribution to the Psychogenesis of Manic-Depressive States《躁狂-抑郁状态心理病因考》

A Dictionary of Kleinian Thought《克莱茵学派理论辞典》

A Theory of Thinking《一个思想理论》

Affects in Theory and Practice《理论与实践中的情绪》

B

British Journal of Psychiatry《英国精神病学杂志》

British Journal of Psychotherapy《英国心理治疗杂志》

C

Clinical Notes on Disorders of Childhood《儿童期障碍临床笔记》

Communicating and Not Communicating Leading to a Study of Certain Opposites《沟通与非沟通导致的某些对立面的研究》

D

Donald Winnicott Today《今日温尼科特》

E

Ego Distortion in Terms of True and False Self《从真假自体角度看自我扭曲》

Envy and Gratitude《嫉羡与感恩》

F

Formulations on the Two Principles of Mental Functioning《论心理机能的两条原则》

H

Hate in the Countertransference《反移情中的恨》

Holding and Interpretation《抱持与解释》

I

International Journal of Psychoanalysis《国际精神分析杂志》

M

Metapsychological and Clinical Aspects of Regression within the Psychoanalytical Set-up《精神分析设置中退行的元心理学与临床观》

Mirror-Role of Mother and Family in Child Development 《儿童发展中母亲与家庭的镜映角色》

Morals and Education《道德与教育》

Mourning and Melancholia 《哀悼与忧郁》

N

Nature 《自然》杂志

Negation 《论否认》

Notes on Some Schizoid Mechanisms《关于一些分裂性机制的笔记》

O

Oberserving Organisations 《观察团体》

P

Playing and Reality 《游戏与现实》

Primitive Emotional Development 《原始情绪发展》

Psychoanalysis and History 《精神分析与历史》

Psychoses and Child Care 《精神病与儿童照护》

R

Reparation in Respect of Mother's Organised Defence against

Depression《和母亲组织性防御抑郁相关的修复》

Repression and Splitting: Towards a Method of Conceptual Comparison
《压抑与分裂：探寻概念比较之方法论》

Research on the Couch: Single Case Studies, Subjectivity and
Psychoanalytic Knowledge 《躺椅上的研究：个案研究、主体性和精神分析知识》

S

Suffering Insanity 《痛苦中的精神失常》

T

The Aims of Psychoanalytical Treatment 《精神分析治疗之目标》

The Capacity to Be Alone《独处的能力》

The Child, the Family and the Outside World《妈妈的心灵课》（又译《儿童、家庭与大千世界》）

The Child and the Family: First Relationships 《儿童与家庭：最初的关系》

The Child and the Outside World: Studies in Developing Relationships
《儿童与外在世界：关于发展中的关系》

The Development of a Child 《一个儿童的发展》

The Development of the Capacity for Concern 《论担忧能力的发展》

The Family and Individual Development 《家庭与个体发展》

The Language of Winnicott 《温尼科特的语言》

The Location of Cultural Experience 《文化体验的位置》

The Manic Defence 《躁狂防御》

The Role of the School in the Libidinal Development of the Child 《儿童力比多发展中学校的角色》

The Piggle 《小猪猪的故事》

The Psycho-Analysis of Children 《儿童精神分析》

The Psychoanalytical Concept of Aggression: Theoretical，Clinical and Applied Aspects 《攻击性的精神分析概念：理论、临床与实践》

The Structure of Scientific Revolution 《科学革命的结构》

The Surviving Object: Psychoanalytic Essays on Psychic Survival 《幸存客体：关于精神幸存的精神分析随笔》

The Theory of the Parent–Infant Relationship 《亲子关系理论》

The Use of an Object and Relating through identifications 《客体使用和通过认同关联》

Therapeutic Consultations in Child Psychiatry 《儿童精神病学中的治疗性咨询》（又译《涂鸦与梦境》）

Through Paediatrics To Psychoanalysis 《从儿科学到精神分析》

Transitional Objects and Transitional Phenomena 《过渡性客体与过渡性现象》

W

Weaning 《断奶》

参考文献

Abraham，K. (1924). A short study of the development of the libido. In: *Selected Papers on Psychoanalysis*. London: Hogarth Press，1927.

Abram，J. (1996). *The Language of Winnicott: A Dictionary of Winnicott's Use of Words*. London: Karnac.

Abram，J. (2005). L'objet qui survit [trans. D. Alcorn]. *Journal de la Psychanalyse de L'enfant, 36*: 139–174.

Abram，J. (2007a). *The Language of Winnicott: A Dictionary of Winnicott's Use of Words, Second Edition*. London: Karnac.

Abram，J. (2007b). L'objet qui ne survit pas. Quelques réflexions sur les racines de la terreur [trans. D. Houzel]. *Journal de la Psychanalyse de L'enfant, 39*: 247–270.

Abram，J. (2008). Donald Woods Winnicott: A brief introduction. *International Journal of Psychoanalysis, 89*: 1189–1217.

Abram，J. (2012a). D.W.W.'s notes for the Vienna Congress 1971: A consideration of Winnicott's theory of aggression and an interpretation of the clinical implications. In: *Donald Winnicott Today* (pp. 302–330). New Library of Psychoanalysis. Hove: Routledge，2013.

Abram，J. (2012b). On Winnicott's clinical innovations in the analysis of adults. *International Journal of Psychoanalysis, 93*: 1461–1473.

Abram，J. (Ed.) (2013). *Donald Winnicott Today*. New Library of Psychoanalysis. Hove: Routledge.

Abram，J. (2015a). *Affects, Mediation and Countertransference: Some Reflec-*

tions on the Contributions of Marjorie Brierley (1893—1984) and Their Relevance to Psychoanalysis Today. Stockholm: European Psychoanalytical Federation.

Abram, J. (2015b). Further reflections on Winnicott's last major theoretical achievement: From "Relating through Identifications" to "The Use of an Object". In: G. Saragnano & C. Seulin (Eds.), *Playing and Reality Revisited: A New Look at Winnicott's Classic Work* (pp. 111–125). London: Karnac.

Abram, J. (Ed.) (2016a). *André Green at the Squiggle Foundation* (2nd edition). London: Karnac.

Abram, J. (2016b). Creating an object: Commentary on "The Arms of the Chimeras" by Béatrice Ithier. *International Journal of Psychoanalysis, 97*: 489–501.

Alexander, F. (1946). The principle of corrective emotional experience. In: F. Alexander & T. M. French (Eds.), *Psychoanalytic Therapy: Principles and Application*. New York: Ronald Press.

Balint, A., & Balint, M. (1939). On transference and countertransference. *International Journal of Psychoanalysis*, 20: 223–230.

Bick, E. (1964). Notes on infant observation in psychoanalytic training. *International Journal of Psychoanalysis, 45*: 558–566.

Bion, W. R. (1959). Attacks on linking. In: *Second Thoughts* (pp. 93–109). London: Karnac, 1984.

Bion, W. R. (1962a). *Learning from Experience*. London: Heinemann.

Bion, W. R. (1962b). A theory of thinking. In: *Second Thoughts* (pp. 110–119). London: Karnac, 1984.

Bowlby, J. (1940). The influence of early environment in the development of neurosis and neurotic character. *International Journal of Psychoanalysis, 21*:

154–178.

Brenman Pick, I. (1985). Working through in the countertransference. *International Journal of Psychoanalysis, 66*: 157–166. Reprinted in E. Spillius (Ed.), *Melanie Klein Today, Vol. 2: Mainly Practice* (pp. 34–47). London: Tavistock, 1988.

Brierley, M. (1937). Affects in theory and practice. *International Journal of Psychoanalysis, 18*: 256–268.

Ezriel, H. (1956). Experimentation within the psychoanalytic session. *British Journal for the Philosophy of Science, 7*: 29–48.

Freud, A. (1926). *Four Lectures on Child Analysis*. London: Hogarth Press, 1948.

Freud, A. (1936). *The Ego and the Mechanisms of Defence*. London: Hogarth Press.

Freud, S. (1895d) (with Breuer, J.). *Studies on Hysteria. Standard Edition, 2.*

Freud, S. (1901b). *The Psychopathology of Everyday Life. Standard Edition, 6*: 1–279.

Freud, S. (1909b). Analysis of a phobia in a five-year-old boy. *Standard Edition, 10*: 3–149.

Freud, S. (1911b). Formulations on the two principles of mental functioning. *Standard Edition, 12*: 218–226.

Freud, S. (1911c). Psychoanalytic notes on an autobiographical account of a case of paranoia (Dementia paranoides). *Standard Edition, 22*: 3–82.

Freud, S. (1912e). Recommendations to physicians practising psycho analysis. *Standard Edition, 12*: 109–120.

Freud, S. (1917e). Mourning and melancholia. *Standard Edition, 14*: 239–258.

Freud, S. (1918b). From the history of an infantile neurosis. *Standard Edition, 17*: 3–122.

Freud，S. (1920g). *Beyond the Pleasure Principle. Standard Edition, 18*: 7–64.

Freud，S. (1923b). *The Ego and the Id. Standard Edition, 19*: 3–68.

Freud，S. (1925h). Negation. *Standard Edition, 19*: 235–239.

Freud，S. (1930a). *Civilization and Its Discontents. Standard Edition, 21*.

Freud，S. (1933a). *New Introductory Lectures on Psycho-Analysis. Standard Edition, 22*: 7–182.

Glover，E. (1945). Examination of the Klein system of child psychology. *Psychoanalytic Study of the Child, 1*: 75–118.

Goldman，D. (2012). Vital sparks and the form of things unknown. In: J. Abram (Ed.)，*Donald Winnicott Today* (pp. 331–357). New Library of Psychoanalysis. Hove: Routledge.

Green，A. (1975). Potential space in psychoanalysis: The object in the setting. In: *On Private Madness*. London: Hogarth Press，1986. Also in: J. Abram (Ed.)，*Donald Winnicott Today* (pp. 183–204). New Library of Psychoanalysis. Hove: Routledge，2013.

Green，A. (1977). Conceptions of affect. *International Journal of Psycho analysis, 58*: 129–156.

Green，A. (1991). On thirdness. In: *André Green at the Squiggle Foundation* (pp. 39–68). London: Karnac.

Heimann，P. (1950). On countertransference. *International Journal of Psychoanalysis, 31*: 81–84. Reprinted in: *About Children and Children No Longer* (pp. 73–79). London: Routledge，1989.

Heimann，P. (1960). Countertransference. *British Journal of Medical Psychology, 33*: 9–15. Reprinted in: *About Children and Children No Longer* (pp. 151–160). London: Routledge，1989.

Hinshelwood，R. D. (1989). *A Dictionary of Kleinian Thought*. London: Free Association Books.

Hinshelwood, R. D. (1991). *A Dictionary of Kleinian Thought, Second Edition.* London: Free Association Books.

Hinshelwood, R. D. (1994). *Clinical Klein.* London: Free Association Books.

Hinshelwood, R. D. (2006). Melanie Klein and repression: An examination of some unpublished notes of 1934. *Psychoanalysis and History, 8*: 5–42.

Hinshelwood, R. D. (2008). Melanie Klein and countertransference: A historical note. *Psychoanalysis and History, 10*: 95–113.

Hinshelwood, R. D. (2013). *Research on the Couch: Subjectivity, Single Case Studies and Psychoanalytic Knowledge.* London: Routledge

Hinshelwood, R. D. (2016). *Countertransference and Alive Moments: Help or Hindrance.* London: Process Press.

Isaacs, S. (1939). Criteria for interpretation. *International Journal of Psychoanalysis, 20*: 148–160.

Isaacs, S. (1943). The nature and function of phantasy. In P. King & R. Steiner (Eds.), *The Freud–Klein Controversies 1941–45* (pp. 264–321). London: Routledge, 1991.

Isaacs, S. (1948). The nature and function of phantasy. *International Journal of Psychoanalysis, 29*: 73–97. Reprinted in: M. Klein, P. Heimann, S. Isaacs, & J. Riviere, *Contributions to Psychoanalysis* (pp. 67–121). London: Hogarth Press, 1952.

Jones, E. (1935). Early female sexuality. *International Journal of Psycho analysis, 16*: 263–273.

Jones, E. (1955). *The Life and Work of Sigmund Freud, Vol. 2.* London: Hogarth Press.

Joseph, B. (1975). The patient who is difficult to reach. In: P. L. Giovacchini (Ed.), *Tactics and Techniques in Psycho-Analytic Therapy, Vol. 2: Counter-Transference.* New York: Jason Aronson. Reprinted in: B. Joseph, *Psychic*

Equilibrium and Psychic Change. London: Routledge, 1989.

Joseph, B. (1989). *Psychic Equilibrium and Psychic Change.* London: Rout ledge.

King, P. (1972). Tribute to Donald Winnicott. Commemorative Meeting for Dr. Donald Winnicott, January 19th 1972. *Scientific Bulletin of the British Psychoanalytical Society, 57*: 26–28.

King, P., & Steiner, R. (Eds.) (1991). *The Freud–Klein Controversies 1941– 45.* London: Routledge.

Klein, M. (1921). The development of a child. In: *The Writings of Melanie Klein, Vol. 1* (pp. 1–53). London: Hogarth Press, 1975.

Klein, M. (1923). The role of the school in the libidinal development of the child. In: *The Writings of Melanie Klein, Vol. 1* (pp. 59–76). Lon don: Hogarth Press, 1975.

Klein, M. (1932). *The Psychoanalysis of Children. The Writings of Melanie Klein, Vol. 2.* London: Hogarth Press, 1975.

Klein, M. (1935). A contribution to the psychogenesis of manic-depressive states. In: *The Writings of Melanie Klein, Vol. 1* (pp. 262–289). London: Hogarth Press, 1975.

Klein, M. (1936). Weaning. In: *The Writings of Melanie Klein, Vol. 1* (pp. 290– 305). London: Hogarth Press, 1975.

Klein, M. (1945). The Oedipus complex in the light of early anxieties. In: *The Writings of Melanie Klein, Vol. 1* (pp. 370–419). London: Hogarth Press, 1975.

Klein, M. (1946). Notes on some schizoid mechanisms. In: *The Writings of Melanie Klein, Vol. 3* (pp. 1–24). London: Hogarth Press, 1975. Klein, M. (1957). Envy and gratitude. In: *The Writings of Melanie Klein, Vol. 3* (pp. 176–235). London: Hogarth Press, 1975.

Klein, M. (1959). *Autobiographical Notes*. Wellcome Library Archive: Shelfmark PP/RMK/E.6/3:Box 11. Available at: www.melanie kleintrust. org.uk/domains/melaniekleintrust.org.uk/local/media/downloads/_MK_full_ autobiography.pdf

Kuhn, T. (1962). *The Structure of Scientific Revolutions*. Chicago, IL: Chicago University Press.

Laplanche, J., & Pontalis, J.B. (1973). *The Language of Psychoanalysis*. London: Hogarth Press.

Loparic, Z. (2010). From Freud to Winnicott: Aspects of a paradigm change. In: *Donald Winnicott Today* (pp. 113–156). New Library of Psychoanalysis. Hove: Routledge, 2013.

Mahler, M., Pine, F., & Bergman, A. (1975). *The Psychological Birth of the Human Infant*. London: Hutchinson.

Money-Kyrle, R. (1956). Normal countertransference and some of its deviations. *International Journal of Psychoanalysis, 37*: 360–366. Reprinted in: *The Collected Papers of Roger Money-Kyrle*. Perthshire: Clunie Press, 1978. Also in: E. Spillius (Ed.), *Melanie Klein Today, Vol. 2*. London: Routledge, 1988.

Money-Kyrle, R. (1964). Politics from the point of view of psychoanalysis. In: *The Collected Papers of Roger Money-Kyrle*. Perthshire: Clunie Press, 1978.

Riviere, J. (1927). Symposium on child analysis. In: A. Hughes.(Ed.), *The Inner World and Joan Riviere: Collected Papers 1920–1958* (pp. 80–88). London: Karnac, 1991.

Rodman, F. R. (Ed.) (1987). *The Spontaneous Gesture. Selected Letters of D. W. Winnicott*. Cambridge, MA: Harvard University Press.

Rosenfeld, H. (1947). Analysis of a schizophrenic state with depersonalization.

International Journal of Psychoanalysis, 28: 130–139. Reprinted in: *Psychotic States*. London: Hogarth Press, 1965.

Roussillon, R. (2010). Winnicott's deconstruction of primary narcissism. In: J. Abram (Ed.), *Donald Winnicott Today* (pp. 270–290). New Library of Psychoanalysis. Hove: Routledge, 2013.

Rycroft, C. (1968). *Critical Dictionary of Psychoanalysis*. London: Penguin.

Sandler, J., Sandler, A.M., & Davies, R. (Eds.) (2000). *Clinical and Observational Psychoanalytic Research: Roots of a Controversy*. London: Karnac.

Saussure, F. de (1916). *Course in General Linguistics*. New York: Philosophical Library, 1959.

Segal, H. (1950). Some aspects of the analysis of a schizophrenic. *International Journal of Psychoanalysis, 31*: 268–278.

Segal, H. (1957). Notes on symbol formation. *International Journal of Psychoanalysis, 38*: 391–397. Reprinted in: *The Work of Hanna Segal*. London: Free Association Books, 1981. Also in: E. Spillius (Ed.), *Melanie Klein Today, Vol. 1*. London: Routledge, 1988.

Spillius, E. (1992). Clinical experiences of projective identification. In: R. Anderson (Ed.), *Clinical Lectures on Klein and Bion*. London: Routledge.

Spillius, E. (2007). *Encounters with Melanie Klein: Selected Papers of Elizabeth Spillius*. New Library of Psychoanalysis. Hove: Routledge.

Spillius, E., Milton, J., Garvey, P., Couve, C., & Steiner, D. (Eds.) (2011). *The New Dictionary of Kleinian Thought*. Hove: Routledge.

Stern, D. N. (1985). *The Interpersonal World of the Infant*. New York: Basic Books.

Strachey, J. (1934). The nature of the therapeutic action of psycho analysis. *International Journal of Psychoanalysis, 15*: 127–159; *50* (1969): 275–192.

Thompson, N. (2012). Winnicott and American analysts. In: J. Abram (Ed.),

Donald Winnicott Today (pp. 386–417). New Library of Psychoanalysis. Hove: Routledge, 2013.

Waddington, C. H. (1942). *Science and Ethics*. London: George Allen & Unwin.

Wallerstein, R. S. (1988). One psychoanalysis or many? *International Journal of Psychoanalysis, 69*: 5–21.

Wilde, O. (1898). *The Ballad of Reading Gaol*. London: Weidenfeld & Nicolson, 1995.

Winnicott, D. W. (1931). *Clinical Notes on Disorders of Childhood*. London: Heinemann.

Winnicott, D. W. (1945a). Primitive emotional development. In: *Collected Papers: Through Paediatrics to Psychoanalysis* (pp. 145–156). London: Tavistock Publications, 1958.

Winnicott, D. W. (1945b). Towards an objective study of human nature. In: *Thinking about Children* (pp. 3–12). London: Karnac, 1996.

Winnicott, D. W. (1949). Hate in the countertransference. In: *Collected Papers: Through Paediatrics to Psychoanalysis* (pp. 194–203). London: Tavistock Publications, 1958.

Winnicott, D. W. (1951). Transitional objects and transitional phenomena: A study of the first not-me possession. In: *Collected Papers: Through Paediatrics to Psychoanalysis* (pp. 229–242). London: Tavistock Publications, 1958.

Winnicott, D. W. (1952a). Anxiety associated with insecurity. In: *Collected Papers: Through Paediatrics to Psychoanalysis* (pp. 97–100). London: Tavistock Publications, 1958.

Winnicott, D. W. (1952b). Psychoses and child care. In: *Collected Papers: Through Paediatrics to Psychoanalysis* (pp. 219–228). London: Tavistock Publications, 1958.

Winnicott, D. W. (1955). Metapsychological and clinical aspects of regression within the psychoanalytical setup. In: *Collected Papers: Through Paediatrics to Psychoanalysis* (pp. 278–294). London: Tavistock Publications, 1958.

Winnicott, D. W. (1956). Primary maternal preoccupation. In: *Collected Papers: Through Paediatrics to Psychoanalysis* (pp. 300–305). London: Tavistock Publications, 1958.

Winnicott, D. W. (1957a). *The Child and the Family: First Relationships*. London: Tavistock.

Winnicott, D. W. (1957b). *The Child and the Outside World: Studies in Developing Relationships*. London: Tavistock.

Winnicott, D. W. (1958). *Collected Papers: Through Paediatrics to Psycho analysis*. London: Tavistock Publications.

Winnicott, D. W. (1960). Ego distortion in terms of true and false self. In: *The Maturational Processes and the Facilitating Environment* (pp. 140–152). London: Hogarth Press, 1965.

Winnicott, D. W. (1962a). The aims of psychoanalytical treatment. In: *The Maturational Processes and the Facilitating Environment* (pp. 166–170). London: Hogarth Press, 1965.

Winnicott, D. W. (1962b). A personal view of the Kleinian contribution. In: *The Maturational Processes and the Facilitating Environment* (pp. 171–178). London: Hogarth Press, 1965. Reprinted in J. Abram (Ed.), *Donald Winnicott Today* (pp. 159–167). New Library of Psychoanalysis. Hove: Routledge

Winnicott, D. W. (1962c). Providing for the child. In: *The Maturational Processes and the Facilitating Environment* (pp. 64–72). London: Hogarth Press, 1965.

Winnicott, D. W. (1963a). Dependence in infant care, in childcare, and in the psychoanalytic setting. In: *The Maturational Processes and the Facilitating*

Environment (pp. 249–260). London: Hogarth Press, 1965.

Winnicott, D. W. (1963b). The development of the capacity for concern. In: *The Maturational Processes and the Facilitating Environment* (pp. 73–82). London: Hogarth Press, 1965.

Winnicott, D. W. (1963c). Morals and education. In: *The Maturational Processes and the Facilitating Environment* (pp. 93–105). London: Hogarth Press, 1965.

Winnicott, D. W. (1964). *The Child, the Family and the Outside World.* London: Penguin.

Winnicott, D. W. (1965). *The Family and Individual Development.* London: Tavistock Publications.

Winnicott, D. W. (1966). Ordinary devoted mothers. In: *Babies & Their Mothers* (pp. 3–14), ed. C. Winnicott, R. Shepherd, & M. Davis. London: Free Association Books, 1987.

Winnicott, D. W. (1967a). The location of cultural experience. In: *Playing and Reality* (pp. 95–103). London: Tavistock Publications.

Winnicott, D. W. (1967b). Mirror-role of mother and family in child development. In: *Playing and Reality.* London: Tavistock Publications.

Winnicott, D. W. (1967c). Postscript: D.W.W. on D.W.W. In: *Psycho-Analytic Explorations* (pp. 569–582). London: Karnac, 1989.

Winnicott, D. W. (1968). Communication between infant and mother, and mother and infant, compared and contrasted. In: *Babies and Their Mothers,* ed. C. Winnicott, R. Shepherd, & M. Davis. London: Free Association Books, 1987.

Winnicott, D. W. (1969a). The use of an object. *International Journal of Psychoanalysis, 50*: 711–716.

Winnicott, D. W. (1969b). The use of an object in the context of *Moses and*

Monotheism. In: *PsychoAnalytic Explorations* (pp. 240–246). London: Karnac, 1989. Also in: J. Abram (Ed.), *Donald Winnicott Today* (pp. 293–301). New Library of Psychoanalysis. Hove: Routledge, 2013.

Winnicott, D. W. (1970). Living creatively. In: *Home Is Where We Start From* (pp. 39–54), ed. C. Winnicott, R. Shepherd, & M. Davis. Lon don: Penguin, 1986.

Winnicott, D. W. (1971a). Creativity and its origins. In: *Playing and Reality* (pp. 65–85). London: Tavistock Publications.

Winnicott, D. W. (1971b). *Playing and Reality.* London: Tavistock Publications.

Winnicott, D. W. (1971c). *Therapeutic Consultations in Child Psychiatry.* London: Hogarth Press.

Winnicott, D. W. (1971d). The use of an object and relating through identifications. In: *Playing and Reality* (pp. 86–94). London: Tavistock Publications.

Winnicott, D. W. (1977). *The Piggle: An Account of the Psychoanalytic Treatment of a Little Girl.* London: Hogarth Press.

Winnicott, D. W. (1986). *Holding and Interpretation: Fragment of an Analysis.* London: Hogarth Press.

Winnicott, D. W. (1988). *Human Nature.* London: Tavistock Publications.

Zetzel, E. R. (1956). An approach to the relation between concept and content in psychoanalytic theory (with special reference to the Work of Melanie Klein and her followers). *Psychoanalytic Study of the Child, 11*: 99–121.

Zilkha, N. (2013). Au fil du transfert, jouer. *Revue Française de Psychanalyse, 77* (3): 659–670.

后　记

（一）

　　和鲍勃共事令人愉快，我从他那里学到了很多东西。对话的价值就在于，它会引发新思考、新理解和更深的探索。因此对我来说，撰写此书的过程就是一次满是收获的探险。但我并不想弱化在对话过程中我们之间的张力，我有时甚至感到我们似乎也陷入了多年前争议性辩论时期的对峙。但通过相互关照、理解，努力避开陷阱，我们最终还是找到了渡过这些不可避免会被引发的强烈感受的方式。

　　在我们合作著书的过程中，我们努力去理解对方对于各自所研究人物的观点。我看到鲍勃始终在回应中保持开放、平静和一致。对此我深深感激鲍勃，因为他展现出这种类型的对话可以如此有趣和引人入胜。这也证明，这样的对比工作是可以完成的——只要对话双方能够保持对对方观点的好奇心和开放态度。我们的希望是这本书能够促进更多、更深入的对话和对比工作，以丰富精神分析著作宝库。我也期待着我们之后的合作——对比温尼科特和比昂。

简·艾布拉姆

（二）

这的确是我参与撰写的一本不同寻常的书。一开始，我们只是通过工作坊来对比不同学派的思想、概念和精神分析实践方法，但之后我们决定继续这种形式的辩论和意见交换。这种类型的对比工作有一个常见的问题就是，两个来自不同阵营的人只顾声明各自的立场，却缺乏对另一方立场的足够认可和考虑。而且这类对比工作也会激发一种竞争心态。如果是在工作坊的设置中，双方都很可能认为这是一个好机会——能够让尽可能多的听众加入自己的阵营，这也是非常能理解的情况。而且，在这种公开场合中，不同观点间的张力使得双方都更难去倾听另一方的观点，这也是可以理解的。不过，这样的辩论往往会上浮到一个表浅的层次。其最终结果就是，听众还是得自己去对比，而曲终人散后，"专家们"丝毫没有改变自己的立场与想法。

我非常感激和敬仰简，因为她并没有落入我前面提到的陷阱中，并且她也努力不去激惹情绪。不过不可避免地，我们各自都会有些许焦虑和威胁感，担心我们对自己所拥护理论的信心遭到撼动。这种情况在精神分析理论对比中尤为常见。一个人内心有着各种各样的内部客体，其中一些来自我们的师长、同僚，它们让我们感到必须尽可能地为它们发声。但我们可能无法把想说的话表达得像这些内部客体所要求的那么好，因此它们可能会开始摇头叹气——它们都是我们心灵中的超我幽灵。至少我认为，值得庆幸的是，这个辩论是以一种慢动作的方式展开的。我们通过电子邮件交换意见，以一种让双方都感到舒适的节奏进行讨论。这样我们便有足够的空间和时间去考虑和反思我们的任务及那些困难的议题，并且能够关注到讨论中浮现出的可能会阻碍平静思考的风险和张力，可以在不那么冲动的时候再做出回应。

我也深深感激你——我们的读者。你穿越了我们对彼此的种种误解，并最终来到了这里。我希望你能感到我们绵延的讨论及偶尔的误入歧途既让你有所收获，也让你感到些许挫败。如果现在读完全书，你想要思考这整个领域是否可能被更清晰地表达出来，那么你现在就和我想法一致了。简和我涉及的许多话题仍然是悬而未决或令人困扰的，它们还需要时常被思考、被关注、被回顾，而这本身就足够让人感到激动了。我想，如果我们成功地让你进入了一种有洞识的不确定状态而非无根基的自信中，那么我们就成功传达了我们需要传达的信息。为了精神分析明日的健康发展，我们需要坚持鼓励不同意见的出现，避免两级对立；我们需要抱有不同观点，而不应圆滑地做出妥协和平衡。

R. D. 欣谢尔伍德